Natürliche und künstliche Intelligenz

Campus Einführungen

Herausgegeben von
Thorsten Bonacker (Marburg)
Hans-Martin Lohmann (Heidelberg)

Manuela Lenzen studierte Philosophie in Bochum und Bielefeld. Als freie Wissenschaftsjournalistin schreibt sie unter anderem für die *Frankfurter Allgemeine Zeitung* und die *Süddeutsche Zeitung*, für die *Frankfurter Rundschau* und *Die Zeit*.

Manuela Lenzen

Natürliche und künstliche Intelligenz

Einführung in die Kognitionswissenschaft

Campus Verlag
Frankfurt/New York

Die Deutsche Bibliothek – CIP-Einheitsaufnahme

Ein Titeldatensatz für diese Publikation ist bei
Der Deutschen Bibliothek erhältlich.
ISBN 978-3-593-37033-0

Das Werk einschließlich aller seiner Teile ist urheberrechtlich geschützt.
Jede Verwertung ist ohne Zustimmung des Verlags unzulässig.
Das gilt insbesondere für Vervielfältigungen, Übersetzungen, Mikroverfilmungen und die Einspeicherung und Verarbeitung in elektronischen Systemen.
© 2002 Campus Verlag GmbH, Frankfurt/Main
Umschlaggestaltung: Guido Klütsch, Köln
Umschlagmotiv: © zefa visual media, Düsseldorf
Satz: TypoForum GmbH, Nassau

Gedruckt auf säurefreiem und chlorfrei gebleichtem Papier.
Printed in Germany

Besuchen Sie uns im Internet: www.campus.de

Inhalt

Einleitung 9

**Das Gehirn ist ein Computer,
der Geist sein Programm:
Die Anfänge der Kognitionswissenschaft** 23

Das Computermodell des Geistes in Grundzügen 24
Eine neue Antwort auf die alte Frage nach dem
Verhältnis von Geist und Gehirn: Der Funktionalismus .. 26
Alan Turings Rechenmaschine 30
Hat der Geist eine eigene Sprache? 35

Annäherungen an intelligente Leistungen 39

Wie Computer nach Problemlösungen suchen 39
Künstliche Experten und ihre Probleme 45
Gespräche mit Computern: Der Turingtest 48
Wie passt die Welt in den Speicher? Formen der
Wissensrepräsentation 56
Verschiedene Arten, einen intelligenten Computer
zu bauen 60

Die Herausforderungen der realen Welt und die Grenzen des Computermodells 63

Die gute altmodische Künstliche Intelligenz 63
Woher weiß ein Roboter, wovon die Rede ist? 66
Woher weiß ein Roboter, was wichtig ist? 70
Was das Gehirn vom Computer unterscheidet 73

Die Kognitionswissenschaft geht neue Wege: Der Konnektionismus 78

Computer mit künstlichen neuronalen Netzen 78
    Der erste Anlauf 79
    Wenn viele gleichzeitig rechnen: Parallelverarbeitung 83
    Im Kopf ist kein Lexikon: Subsymbolische Repräsentation 91
Das Gehirn als dynamisches System 95

Intelligenz sitzt nicht im Kopf 104

Vom Programm zum Roboter: Ein neuer Ansatz in der Kognitionswissenschaft 104
Wie aus einfachen Regeln komplexes Verhalten entsteht 107
Der Evolution auf der Spur: Die Subsumtionsarchitektur 111
Humanoide Roboter 114
Künstliches Leben 117
Animaten: Roboter simulieren Tiere 119
Denken heißt, im Kopf handeln 121
Warum man die Welt nicht im Kopf haben muss 123

Herausforderungen für die Kognitionswissenschaft ... 126

Sozialverhalten: Wie kooperieren Menschen und Maschinen? ... 127
Emotionen: Was nützen Gefühle? ... 132
Bewusstsein: Eine Besonderheit des Menschen? ... 136
Vom Computermodell des Geistes zum Handeln in der Welt: Die neue Agenda der Kognitionswissenschaft ... 142

Literatur ... 145

Literatur zur Einführung ... 145
Weiterführende Literatur ... 148
Fachzeitschriften, Kongresse, Internetadressen ... 155

Kurzbiographien ... 157

Glossar ... 161

Einleitung

Wie funktioniert das Denken? Wie die Wahrnehmung, die Erinnerung, die Sprache? Was ist Wissen? Diese Fragen faszinierten schon die Philosophen der griechischen Antike. Die Werke, die seither verfasst wurden, um sie zu beantworten, füllen Bibliotheken, doch nach wie vor sind viele Fragen offen. Mitte des 20. Jahrhunderts nun inspirierte der **Computer**, damals noch Elektronenrechner genannt, einen neuen, ausgesprochen erfolgreichen Ansatz, diese schwer greifbaren Phänomene zu erforschen: Man begann kognitive Prozesse, und zu ihnen gehören auch Denken, Wahrnehmen, Erinnern, Sprechen und Wissen, als Prozesse der **Datenverarbeitung** zu betrachten. Diese Idee wurde von verschiedenen Disziplinen aufgenommen, zunächst vor allem von der Psychologie, der Informatik, der Linguistik, der Philosophie und der Neurowissenschaft, die als die klassischen Säulen der Kognitionswissenschaft gelten. Aus dem Zusammenschluss der Forscher, die sich auf diesen neuen Ansatz einließen, entstand die Kognitionswissenschaft, erst als interdisziplinäres Forschungsprojekt, inzwischen als neue, aufstrebende akademische Disziplin.

Der Begriff **Kognition** leitet sich her vom griechischen *gignoskein* = erkennen, wahrnehmen, wissen. Er wurde zuerst in der Psychologie des 19. Jahrhunderts für elementare Bewusstseinsgegebenheiten verwendet. In der modernen Psychologie und in der Kognitionswissenschaft steht »Kognition« eher intuitiv als klar definiert für diejenigen Vermögen, die es Menschen erlauben, sich intelligent und flexibel zu verhalten. Manche Kognitionswissenschaftler möchten den Begriff für intellektuelle Leistungen im engeren Sinne reserviert sehen, Leistungen, wie sie in klassischen Intelligenztests geprüft werden und die Menschen bewusst ausführen (Searle 1992). Für andere ist auch die Steuerung eines mit vielen Freiheitsgraden ausgestatteten Körperteils, wie etwa eines Arms oder, bei Elefanten, eines Rüssels, eine kognitive Leistung. Diese Fähigkeiten werden bisweilen als **Körperintelligenz oder prärationale Intelligenz** bezeichnet (Dean/Ritter/Cruse 2000). Am weitesten dehnten die Biologen Humberto Maturana und Francisco Varela den Kognitionsbegriff mit ihrer Devise »Life is Cognition« (1980, S. 13), fanden damit allerdings keine große Zustimmung. Den meisten Kognitionswissenschaftlern geht es nun doch zu weit, Obst und Gemüse, die als pflanzliche Lebewesen demnach in den Einzugsbereich der Kognitionswissenschaft gehören, kognitive Fähigkeiten zuzusprechen. Die meisten Kognitionswissenschaftler sind sich darin einig, dass die Fähigkeit zu lernen eine Minimalbedingung für Kognition ist. Eine Reaktion, die starr an einen Reiz gekoppelt ist, ohne dass der Organismus sie modifizieren könnte, etwa die Schreckreaktion, die Menschen unwillkürlich zeigen, wenn sie plötzlich einen lauten Knall hören, gehört damit nicht zu den kognitiven Fähigkeiten. Kognition ist vielmehr das, was sich zwischen Reiz und Reaktion in einem Organismus abspielt.

Kognitive Phänomene sind unhandliche Forschungsgegenstände. Gedanken, Überzeugungen, Befürchtungen, Pläne und all die anderen Produkte des Geistes finden in den Köpfen der Individuen statt. Meine Gedanken sind nur in meinem Kopf, meine Schmerzen spüre nur ich, und was ich plane, das weiß niemand, solange ich nicht davon erzähle. Die längste Zeit der abendländischen Geistesgeschichte galt mangels Alternative die **Introspektion** als Königsweg zur Erkenntnis des Geistes, die nach innen gerichtete Aufmerksamkeit, die die Wahrnehmung der eigenen Bewusstseinsinhalte ermöglichen soll. Doch die Introspektion hat, als wissenschaftliche Methode verwendet, diverse Nachteile. Ein Kritikpunkt ist, dass die nach innen gerichtete Aufmerksamkeit immer nur die gerade vergangenen Bewusstseinszustände erhaschen kann. Ein weiterer, dass der Blick nach innen das zu Beobachtende eher stört als neutral protokolliert. Im Zuge der modernen Kognitionsforschung wurde auch deutlich, dass der Introspektion längst nicht alle, ja nicht einmal die meisten kognitiven Vorgänge überhaupt zugänglich sind. Nur der geringste Teil seiner kognitiven Leistungen wird dem Menschen bewusst und von diesen meist auch nur das Ergebnis, nicht der Prozess, in dem es zustande kam. Es hat keinen Sinn, jemanden zu fragen, wie er es fertig gebracht hat, das Gesicht eines Freundes in einer Menschenmenge wiederzuerkennen oder wie ihm plötzlich die vergessen geglaubte Telefonnummer wieder einfiel: Plötzlich war sie eben da. Damals sorgten sich die Psychologen allerdings mehr um die Wissenschaftlichkeit ihrer Forschungen: Die Ergebnisse wissenschaftlicher Forschung müssen nachprüfbar sein, und Berichte über innere Erlebnisse sind es nicht.

Von der Begründung der wissenschaftlichen Psychologie 1879, als Wilhelm Wundt in Leipzig das erste Institut für experimentelle Psychologie einrichtete, bis zum Beginn des Ersten Weltkriegs war die Introspektion die wichtigste Methode der Psychologie. Die Forscher, die sich der Problematik ihres Werkzeugs bewusst waren, schränkten die Verwendung der Introspektion auf ausgesprochen simple Fälle ein: Versuchspersonen sollten etwa angeben, wann sie einen einfachen visuellen Stimulus wahrnahmen. Wenn man solche Experimente auch noch in sehr großer Zahl durchführte und sich auf sehr erfahrene Versuchspersonen beschränkte, konnte das durchschnittliche Ergebnis als recht zuverlässig gelten. Leider lieferten die Ergebnisse solcherart eingeschränkter introspektiver Studien keine besonders interessanten Einblicke in das Funktionieren des Geistes. Diese Methode hätte sich nie in einem Land entwickeln können, dessen Bürger in der Lage wären, sich zu langweilen, wie der amerikanische Philosoph und Psychologe William James giftig bemerkte (James 1950, S. 192f.).

In den 20er Jahren des vergangenen Jahrhunderts kritisierte J. B. Watson die bis dahin vorherrschende Orientierung der Psychologie an den Inhalten des Bewusstseins und der Introspektion als unwissenschaftlich. Für die von ihm begründete behavioristische Schule ist eine Psychologie, die den Titel einer Wissenschaft verdient, nur möglich, wenn sie sich auf die Analyse beobachtbaren Verhaltens beschränkt. Der **Behaviorismus** erwuchs schnell zur vorherrschenden Richtung in der amerikanischen und nach dem Zweiten Weltkrieg auch in der deutschen Psychologie. Die Behavioristen konzentrierten ihre Forschung auf die Wechselwirkung von eingehenden Reizen und den darauf folgenden Reaktionen der Organismen. Die Organismen selbst betrachteten sie als *black boxes*, deren interne Vorgänge für die Erklärung ihres Verhaltens nicht von Interesse seien. Die Introspektion wurde aus dem Kanon der legitimen psychologischen Methoden verbannt. Weil die Behavioristen jedoch keinen anderen Zugriff auf kognitive Phänomene anzubieten hatten, verbannten sie diese gleich mit. Doch auch der Behaviorismus lieferte keine zufrieden stellende Erklärung menschlichen Verhaltens, und in den 40er Jahren setzte sich mehr und mehr die Einsicht durch, dass sich komplexes Verhalten in der realen Welt nicht mit dem Schema von Reiz und Reaktion erklären lässt.

In dieser Situation lieferte der Computer, genauer gesagt: die auf den Arbeiten des Elektroingenieurs Claude Shannon aufbauende Informationstheorie einen neuen Ansatz, über die Vorgänge im Kopf zu sprechen, ohne in den Ruch der Unwissenschaftlichkeit zu geraten. Die Informationstheorie befasst sich damit, den Informationsgehalt von Nachrichten quantitativ zu bestimmen, mathematisch zu formulieren und so für einen Computer handhabbar zu machen. Information wird dabei völlig unabhängig von ihrem konkreten Inhalt als Entscheidung zwischen zwei Alternativen betrachtet. Die Einheit der Information ist das allen Computernutzern bekannte *bit*, die Informationsmenge, die man benötigt, um zwischen zwei gleich wahrscheinlichen Alternativen zu entscheiden. Die Informationstheorie ist die Grundlage der Informatik und der Computertechnologie. Für die Psychologie lieferte sie eine Reihe neuer Begriffe, um über kognitive Prozesse zu sprechen: Information und Informationsverarbeitung, Input, Output und Speicher erfreuten sich wachsender Beliebtheit. Manche Psychologen forderten gar, alle psychologischen Theorien müssten in Form von Computerprogrammen geschrieben sein. Norbert Wiener, der Begründer der Kybernetik, der Wissenschaft der Steuerung, Regelung und Nachrichtenübertragung, schrieb 1943 einer rückgekoppelten Maschine, also einer solchen, deren Ausgangssignal ihr als Input wieder zugeführt wird, zielgerichtetes Verhalten zu. Diese Maschine könne, so Wiener, Informationen sammeln und auswerten, den Zustand, in dem sie sich befindet, mit dem vergleichen, den sie erreichen soll, und den Unterschied zwischen beiden verringern (Rosenblueth, Wiener, Bigelow 1943).

Mit der Übertragung der Terminologie der Informationstheorie auf den menschlichen Geist begann die sogenannte kognitive Wende, ein Umbruch, der sich quer durch die Wissenschaften vom Menschen fortpflanzte, den Behaviorismus entthronte und kognitive Phänomene wieder zu legitimen Gegenständen wissenschaftlicher Forschung erklärte. Programmatisch nannte Wiener sein 1948 erschienenes Buch *Kybernetik. Regelung und Nachrichtenübertragung in Lebewesen und Maschine.* Was in der Informationstheorie legitime Begriffe waren, das sollte auch für die Psychologie taugen. Was man von einem Computer sagen konnte, das sollte von einem Menschen allemal gelten: »Wenn Entelechie mit Mechanik vereinbar war, konnte sie auch als respektierliches Prinzip in die Psychologie eingehen.« (Miller/Galanter/Pribram 1973, S. 46) Es war der Computer, der Skeptiker überzeugte, »daß in Begriffen wie ›Ziel‹, ›Absicht‹, ›Erwartung‹, ›Entelechie‹ nicht etwas Okkultes eingeschlossen ist« (ebd., S. 49).

Die Aufbruchstimmung, die damals die Psychologie und die aufkommende Informatik erfasste, spricht noch heute deutlich aus den Schriften dieser frühen Kognitionsforscher: »Das Denken war überhaupt nicht greifbar und aussprechbar, bis die moderne formale Logik es als Manipulation formaler Token [Vorkommnisse, M.L.] interpretierte. Und es schien noch immer den platonischen Ideenhimmel zu bewohnen oder ebenso obskure Räume des menschlichen Geistes, bis Computer uns lehrten, wie Symbole durch Maschinen verarbeitet werden konnten.« (Newell/Simon 2000, S. 87)

Aus diesen Überlegungen ging das Computermodell des Geistes hervor: Das Gehirn ist eine Art Computer, der Geist die dazugehörige Software, das Betriebssystem, das Programm. Der Mensch nimmt seine Umwelt und seinen Organismus mittels seiner Sinnesorgane wahr. In seinem Gehirn werden diese Wahrnehmungen in Symbole transformiert, die für Dinge in der Welt stehen. Diese Symbole sind die Daten des Gehirn-Computers. Sie werden nach festgelegten Regeln gespeichert, verglichen, verknüpft, sortiert oder durchsucht, mit anderen Worten, sie werden verarbeitet. Das Ergebnis dieses Prozesses dient der Steuerung des Verhaltens.

Die leidige Introspektion war damit weitgehend vom Tisch, denn die Ebene, auf der kognitive Phänomene nun untersucht werden sollten, ist introspektiv ohnehin kaum zugänglich. Die Grundidee dabei ist, dass man den Menschen als kognitives System ebenso auf mehreren Ebenen betrachten kann wie einen Computer: Die meisten Menschen benutzen ihre Computer, ohne eine genauere Vorstellung davon zu haben, wie sie funktionieren. Sie arbeiten auf der so genannten Benutzerebene, lassen den Computer Steuersätze berechnen, einen Wirbelsturm simulieren oder jagen Piraten über einen virtuellen Ozean. Die Grundlage für diese verschiedenen Anwendungen legen die Konstrukteure auf der Ebene der Hardware. Hier laufen mit naturgesetzlicher Regelmäßigkeit elektrophysikalische Prozesse ab, von denen der Benutzer nicht das Geringste zu wissen braucht. Zwischen dem Benutzer und dem Konstrukteur steht der Programmierer. Er arbeitet auf einer mittleren, der so genannten algorithmischen Ebene. **Algorithmen** sind Anweisungen, bei der Lösung eines Problems auf eine bestimmte Weise zu verfahren. Ein Kochrezept beispielsweise, das angibt, in welcher Reihenfolge welche Zutaten in den Topf zu geben sind, ist ein Algorithmus. Der Programmierer legt die Algorithmen fest, nach denen die dem Computer zur Verfügung stehenden Daten verarbeitet werden, das heißt, er schreibt das Programm. David Marr, der am MIT über visuelle Wahrnehmung forschte, schlug nun vor, folgende Ebenen zu unterscheiden: Die Ebene der Funktionen, die ein Computer berechnet, die Ebene der Algorithmen, die ihm sagt, wie er dies zu tun hat, und die Ebene der Implementierung, das heißt der Hardware (Marr 1982).

Die Idee, die der Kognitionswissenschaft zugrunde liegt, ist, dass eine solche Unterscheidung dreier Ebenen nicht nur für die Beschreibung von Computern taugt, sondern auch für die Analyse intelligenter Organismen wie des Menschen: Zuunterst liegt die Ebene der, in diesem Fall neuronalen, Implementation, darüber liegt die Ebene der Algorithmen und zuoberst die Ebene der kognitiven Fähigkeiten des Menschen. Die kognitiven Fähigkeiten des Menschen sollen somit erklärt werden, indem man versucht, die Algorithmen zu finden, die ihnen zugrunde liegen. In den Worten des Kognitionspsychologen Ulric Neisser:

»Die Aufgabe des Psychologen, der die menschliche Kognition verstehen will, ist analog derjenigen eines Menschen, der entdecken will, wie ein Computer programmiert ist. Besonders wenn das Programm anscheinend Information speichert und wieder verwendet, wird der Mensch wissen wollen, mit welchen ›Schablonen‹ oder ›Verfahren‹ das geschieht. In dieser Absicht wird er sich nicht darum kümmern, ob sein spezieller Computer die Information auf Magnetkernen oder Dünnfilmen speichert; er möchte das Programm verstehen, nicht die *hardware*. Ebenso würde es dem Psychologen nicht helfen, zu wissen, daß das Gedächtnis von RNS und nicht von einem anderen Element getragen wird. Er möchte seine Nutzbarmachung, nicht seine Verkörperlichung verstehen.« (Neisser 1974, S. 22)

Die algorithmische oder computationale Ebene ist das Interessengebiet der Kognitionswissenschaft. Sie sucht nach den Algorithmen des Geistes. Dieser Fokus auf die Struktur statt auf die materielle Realisierung kognitiver Prozesse ermöglicht das für die Kognitionswissenschaft charakteristische Wechselspiel zwischen natürlicher und künstlicher Intelligenz. Denn wenn es nur auf die Struktur ankommt, spricht im Prinzip nichts dagegen, dass kognitive Prozesse auch in künstlichen Systemen realisiert werden können. Wenn es nur auf die Struktur ankommt, sollte es gleichgültig sein, ob man es mit Neuronen oder mit Siliziumchips zu tun hat. Tatsächlich vertreten manche Kognitionswissenschaftler die These, dass es intelligente Maschinen geben kann, Maschinen also, die zum Beispiel Sprache verstehen oder ähnliche kognitive Leistungen erbringen können, deren Fähigkeiten darauf beruhen, dass sie Computerprogramme durchlaufen. Man nennt dies die starke KI(Künstliche Intelligenz)-These. Andere sind der Ansicht, dass künstliche Prozesse der Datenverarbeitung lediglich geeignet sind, kognitive Prozesse zu simulieren – dies ist die schwache KI-These. Starke wie schwache KI-These geben die Basis ab für eine der wichtigsten Methoden der Kognitionswissenschaft: die **Computersimulation**. Viele Wissenschaften nutzen Computermodelle, um die unterschiedlichsten Prozesse zu simulieren, vom Vulkanausbruch über das Verhalten einer Hängebrücke bei Sturm bis hin zu Umlaufbahnen von Planeten. Doch während etwa ein Meteorologe nicht auf die Idee käme, dass sich die von ihm simulierte Kaltfront bei ihrem Weg von den Azoren tatsächlich der von seinem Computerprogramm verwendeten Algorithmen bedient, ist genau dies in der Kognitionswissenschaft der Fall: Ein Phänomen als kognitiv zu betrachten, bedeutet gerade anzunehmen, dass es auf Prozessen mentaler Datenverarbeitung beruht (Pylyshyn 1980, S. 120). Wenn dem so ist, sollte es auch möglich sein, von den Algorithmen der künstlichen Systeme, die man kennt, schließlich hat man sie einprogrammiert, auf diejenigen der natürlichen Systeme zu schließen, die man gerne kennen würde. Das Geschäft der Kognitionswissenschaftler besteht zu großen Teilen darin, zu prüfen, was an dieser Annahme dran ist.

Als eine Art lukratives Nebenprodukt sorgt das für die Kognitionswissenschaft typische Wechselspiel von natürlicher und künstlicher Intelligenz für das große Anwendungspotenzial kognitionswissenschaftlicher Forschung. Die Arbeiten zu Expertensystemen, zur Mensch-Maschine-Interaktion, zu lernfähigen Systemen und zum Bau autonomer Roboter sind von erheblichem wirtschaftlichem und auch militärischem Interesse: Vom Kinderspielzeug über Serviceroboter bis hin zu Minensuchgeräten bringt die Kognitionswissenschaft eine breite Palette marktfähiger Produkte hervor.

Damit war ein riesiges Forschungsgebiet neu eröffnet. Und die Computertechnik schritt unaufhaltsam aus der Science Fiction-Welt in die Realität: 1941 hatte Konrad Zuse seine berühmte Z3, den ersten programmierbaren Computer, fertiggestellt, die Ingenieure Eckert und Mauchly bauten Mitte der 40er Jahre ENIAC, den ersten Rechner mit Röhrentechnik. Schon auf dem berühmten Hixon-Symposium, das 1948 am *California Institute of Technology* stattfand und von »zerebralen Verhaltensmechanismen« handeln sollte, wurden vor allem

Parallelen zwischen dem eben erst erfundenen »Elektronenrechner« und dem Gehirn diskutiert. Im Rückblick waren sich zahlreiche Teilnehmer einig, dass damals die kognitive Wende begonnen hatte (Gardner 1989, S. 26).

In der Psychologie entstand im Zuge dieser Wende das neue Teilgebiet Kognitionspsychologie. Das 1956 am Massachusetts Institute of Technology (MIT) stattfindende *Symposium on Information Theory* gilt als Geburtsstunde der Künstliche-Intelligenz-Forschung, eines Teilgebiets der Informatik. Maßgeblich an dieser Tagung beteiligt waren Computerpioniere wie John McCarthy, Marvin Minsky, Allen Newell und Herbert Simon. Im Förderungsantrag zu dieser Konferenz hieß es: »Die Untersuchung [der künstlichen Intelligenz, ML] soll aufgrund der Annahme vorgehen, dass jeder Aspekt des Lernens oder jeder anderen Eigenschaft der Intelligenz im Prinzip so genau beschrieben werden kann, dass er mit einer Maschine simuliert werden kann.« (McCorduck 1979, S. 93) Newell und Simon berichteten auf dieser Konferenz von ihrem Programm *Logical Theorist*, das als erstes Computerprogramm einen lückenlosen Beweis für ein mathematisches Theorem geliefert hatte. Der Linguist Noam Chomsky trug seine Kritik an der behavioristischen Sprachtheorie vor und präsentierte seine Theorie der Transformationsgrammatik, derzufolge ein dem Sprecher unbewusst bleibendes Regelsystem ihm ermöglicht, Sätze zu konstruieren und sinnvolle von sinnlosen Sätzen zu unterscheiden (Chomsky 1968). Auch in der Neurowissenschaft traf die Sprache der Informationsverarbeitung auf offene Ohren. Warren McCulloch und Walter Pitts entwickelten 1943 die Idee, dass sich Nervenzellen – stark vereinfacht – als kleine Ein- und Ausschalter betrachten lassen und damit als binäre Elemente im digitalen Code des Gehirns (McCulloch/Pitts 1943). Alle diese Forscher gelten als die Urväter der Kognitionswissenschaft.

Natürlich entging es den Wissenschaftlern aus diesen verschiedenen Disziplinen nicht, dass sie aus unterschiedlichen

Perspektiven an ganz ähnlichen Projekten arbeiteten. Ihr Zusammenschluss zu einem eigenen Fach mit dem Namen Kognitionswissenschaft geht maßgeblich auf die Initiative der amerikanischen *Alfred P. Sloan Foundation* zurück, die 1975 ein Sonderprogramm mit dem Namen *Cognitive Science* zu fördern begann. Heute erfüllt die Kognitionswissenschaft in der Tat die für eine eigenständige Disziplin erforderlichen institutionellen Kriterien: 1977 erschien der erste Band des Fachblattes *Cognitive Science*, 1979 wurde als erste und bis heute größte Kognitionswissenschaftlervereinigung die *Cognitive Science Society* gegründet. Seither wuchs und wächst die Gemeinde der Kognitionswissenschaftler rasant, vor allem in den USA. In Deutschland wurde 1994 die *Deutsche Gesellschaft für Kognitionswissenschaft* gegründet, im selben Jahr fand die erste Fachtagung der Gesellschaft statt. Die vierteljährlich erscheinende Zeitschrift *Kognitionswissenschaft* war bislang das Organ dieser Gesellschaft, das nun eingestellt und durch die europäische Zeitschrift *Cognitive Science Quarterly* ersetzt wird. Seit 1993 fördert die *Deutsche Forschungsgemeinschaft* (DFG) die ersten mit der Kognitionsforschung befassten Graduiertenkollegs. Seit 1998 gibt es an der Universität Osnabrück mit dem *International Cognitive Science Program* die erste Möglichkeit, in Deutschland Kognitionswissenschaft im Hauptfach zu studieren (siehe Internetadressen).

Es gibt also Institute und Lehrstühle, Zeitschriften und Kongresse für Kognitionswissenschaft. Wirft man allerdings einen Blick in die Beiträge kognitionswissenschaftlicher Zeitschriften, fällt auf, dass nur etwa 20 Prozent der Autoren sich selbst als Kognitionswissenschaftler bezeichnen, alle anderen nennen eine andere Disziplin als ihre intellektuelle Heimat, zumeist die Psychologie oder die Informatik (Schunn u. a. 1998). Tatsächlich ist die Kognitionswissenschaft bis heute weniger eine einheitliche Disziplin als ein interdisziplinäres Forschungsprojekt mit einem rasant wachsenden Spektrum an Forschungsgegenständen und Methoden, ein Zustand für den W. Tack den weithin akzeptierten Begriff *Interdisziplin* geprägt hat (Tack 1997).

Die Entwicklung der ersten programmierbaren Rechner rief bei den Beteiligten euphorische Reaktionen hervor. Das Computermodell des Geistes, wie es im ersten Kapitel beschrieben wird, erwies sich als ausgesprochen fruchtbar. Beispiele für die Projekte der frühen Kognitionsforscher werden im zweiten Kapitel vorgestellt. Heute jedoch weckt das Computermodell eher Befremden. Eine solche gefühl- und seelenlose Maschine mit ihren statischen Programmen soll ein gutes Modell für Geist und Gehirn abgeben? Wie im dritten Kapitel ausgeführt, gibt es nicht nur emotionale sondern auch handfeste fachliche Gründe, dem klassischen Computermodell skeptisch gegenüberzustehen. Doch Computer ist nicht gleich Computer, und die Kognitionswissenschaft hat das klassische Computermodell längst hinter sich gelassen. Heute ist vielmehr vom Paradox des Computermodells die Rede: Es hat vor allem gezeigt, wie das Gehirn *nicht* arbeitet. Doch diese Kritik hat nicht etwa dazu geführt, die eben erst entstehende Disziplin Kognitionswissenschaft gleich wieder an den Nagel zu hängen. Im Gegenteil, die Kritik am klassischen Computermodell eröffnete die fruchtbare Diskussion um mögliche Alternativen, der der Rest des Buches gewidmet ist. Wenn das Gehirn nicht arbeitet wie ein handelsüblicher PC, dann vielleicht wie ein erst noch zu entwickelnder massiv parallel arbeitender, multitaskingfähiger Computer mit zahlreichen vernetzten Recheneinheiten – ein Computer, dessen Architektur sich an dem orientiert, was über die Arbeitsweise des Gehirns bekannt ist. Aus solchen Überlegungen entstanden die Idee, ein Netz aus einfachsten Recheneinheiten an die Stelle des Zentralprozessors gewöhnlicher Rechner zu setzen, und Versuche, die mathematische Theorie der dynamischen Systeme auf die Beschreibung kognitiver Phänomene anzuwenden, was in Kapitel 4 dargestellt wird.

Bei solchen Überlegungen über die Architektur des Computers im Kopf blieb es nicht. Der britische Mathematiker Alan Turing, der Erfinder der berühmten Turingmaschine, hatte schon 1950 zwei Wege ausgemacht, auf denen die Kognitionsforschung fortschreiten könnte:

»Wir dürfen hoffen, daß Maschinen vielleicht einmal auf allen rein intellektuellen Gebieten mit dem Menschen konkurrieren. Aber mit welchen sollte man am besten beginnen? Auch dies ist eine schwierige Entscheidung. Viele glauben, daß eine sehr abstrakte Tätigkeit, beispielsweise das Schachspielen, am geeignetsten wäre. Ebenso kann man behaupten, daß es das beste wäre, die Maschine mit den besten Sinnesorganen auszustatten, die überhaupt für Geld zu haben sind, und sie dann zu lehren, Englisch zu verstehen und zu sprechen. Dieser Prozeß könnte sich wie das normale Unterrichten eines Kindes vollziehen. Dinge würden erklärt und benannt werden, usw. Wiederum weiß ich nicht, welches die richtige Antwort ist, aber ich meine, daß man beide Ansätze erproben sollte.« (Turing 1967, S. 137)

Die Kognitionswissenschaft ist zunächst dem ersten Pfad gefolgt, in den 80er Jahren begann sie auch den zweiten zu betreten, wovon das fünfte Kapitel berichtet. Statt bei den abstraktesten Leistungen der menschlichen Intelligenz wie dem Schach spielen oder dem Beweisen mathematischer Theoreme, für das sich die Kognitionsforscher der ersten Stunde interessiert hatten, setzen die Vertreter des neuen Ansatzes bei scheinbar einfacheren Dingen an, wie etwa der Steuerung der Gliedmaßen, der Orientierung im Raum oder der Organisation der eigenen Energieversorgung.

Mit dieser Erweiterung des Forschungsfeldes trat in der »neuen KI« der Roboterbau neben die Computersimulation: Der Treppen steigende, Fußball spielende, verständnisvoll lächelnde Roboter ist unbestreitbar die eindrucksvollste Demonstration kognitionswissenschaftlicher Forschung. Und er demonstriert ebenso eindrucksvoll, dass all diejenigen Fähigkeiten, an die Menschen für gewöhnlich keinen Gedanken verschwenden, wie etwa das Wahrnehmen des Fußballs auf dem Spielfeld, alles andere als triviale Leistungen sind.

Doch wer intelligent sein will, braucht nicht nur einen Körper, der ihn in konkreten Situationen handeln lässt, er braucht auch die Gesellschaft seinesgleichen, braucht Emotionen, Kreativität, Motivation, Bewusstsein und Selbstbewusstsein und wahrscheinlich noch vieles andere. Das sechste Kapitel handelt von den ersten tastenden Versuchen, diese Phänomene im Rahmen der Kognitionswissenschaft, und das heißt als Prozesse der Informationsverarbeitung, zu erklären.

Neben die klassischen Säulen der Kognitionswissenschaft sind inzwischen neue Disziplinen getreten. Seit sich die Forschung auf den Bau von Robotern eingelassen hat, ist die Biologie ein wichtiger Ideenlieferant. Die Orientierungssysteme von Robotern etwa sind meist Insektennavigationssystemen nachgebaut. Zudem bringt die Biologie die evolutionäre Perspektive mit in die Kognitionsforschung. Erst wenn man betrachtet, wie sich intelligentes Verhaltens entwickelt hat, erhält man eine Vorstellung davon, welche Elemente zusammenkommen müssen, damit Kognition entstehen kann, und welche Faktoren die Intelligenzleistungen bestimmen, unter Umständen auch einschränken. Seit einige Robotiker mit der These arbeiten, Roboter müssten nicht nur programmiert, sondern wie Kleinkinder belehrt und erzogen werden, finden sich auch Entwicklungspsychologen unter den Kognitionsforschern. Pädagogen waren bei der Entwicklung von Lernsystemen ohnehin schon mit dabei. Zudem entstehen ständig neue Zwischendisziplinen, wie die zwischen KI und Biologie angesiedelte Künstliche Verhaltensforschung *(artificial ethology)* und die zwischen Informatik und Sozialwissenschaften beheimatete Sozionik. Alle diese Disziplinen tragen zur Kognitionswissenschaft bei, ohne jedoch in ihr aufzugehen. Dass es der Kognitionswissenschaft gelingt, Forscher aus immer wieder anderen Disziplinen zur Mitarbeit an ihrem Projekt zu gewinnen, spricht für den Reiz und die Offenheit des jungen Unternehmens.

Das Gehirn ist ein Computer, der Geist sein Programm: Die Anfänge der Kognitionswissenschaft

Ein Computer führt Berechnungen aus, indem er Daten nach bestimmten Regeln transformiert. Am Beginn der Kognitionswissenschaft steht die Idee, dass etwas Ähnliches im Gehirn stattfinden könnte, dass kognitive Prozesse als Datenverarbeitungsprozesse verstanden werden können, die Gedanken, Wahrnehmungen und Überzeugungen der Menschen zum Gegenstand haben. Kognitive Vorgänge wurden dabei nicht länger als etwas betrachtet, das auf die Kohlenstoffchemie des menschlichen Körpers angewiesen ist, sondern dessen wichtigste Eigenschaft darin besteht, ein Daten verarbeitendes System zu sein. Diese Überlegung lieferte zum einen eine Antwort auf die alte Frage, welcher Platz dem Geist in einer materiellen Welt zukommt, und zum anderen die Basis für Versuche, kognitive Leistungen künstlich zu erzeugen.

Das Computermodell des Geistes in Grundzügen

Am Beginn der Kognitionswissenschaft steht das Computermodell des Geistes, manchmal auch als Computeranalogie oder Computertheorie bezeichnet. Diese Namen bezeichnen weniger ein konkretes Modell als eine recht allgemeine These: Das Gehirn kann als eine Art Computer betrachtet werden, der Geist als das Programm, das auf diesem Computer läuft. Und während es Sache der Neurowissenschaftler ist, herauszufinden, wie das Gehirn funktioniert, ist es Sache der Kognitionswissenschaftler, das Programm zu entschlüsseln. Die konkreten Ausprägungen dieser These hängen davon ab, welchen Computer und welches Programm man der Analogie zugrunde legt. Dabei darf man die Analogie auch nicht zu eng sehen. Typisch für einen Computer mit der gängigen **von-Neumann-Architektur** (benannt nach dem ungarisch-amerikanischen Mathematiker John von Neumann) ist zum Beispiel, dass er über einen Zentralprozessor verfügt, in dem alle Datenverarbeitungsprozesse ablaufen. Was auch immer geschieht, zuerst müssen die Daten in die CPU geladen werden, dort werden sie transformiert und dann wieder in den Speicher befördert. Niemand, der ein wenig von Aufbau und Funktion des Gehirns gehört hat, wird behaupten, ein analoger Vorgang spiele sich im Gehirn ab. Das Computermodell des Geistes hebt lediglich darauf ab, dass es im Gehirn Daten gibt und dass dort Prozesse ablaufen, in denen diese Daten transformiert werden. Das klassische Computermodell, das zumeist gemeint ist, wenn von *dem* Computermodell die Rede ist, betrachtet die Daten des Gehirns als feststehende Symbole und den Prozess der Datenverarbeitung als durch festgelegte Regeln bestimmt. Werden andere als von-Neumann-Rechner für die Analogie von Gehirn und Computer, Geist und Programm verwendet, ändern sich auch die konkreten Aussagen des Modells.

In jedem Fall also verfügt ein Computer über einen Datenbestand und eine Reihe von Algorithmen, Arbeitsanweisungen, die festlegen, wie mit diesen Daten zu verfahren ist, um ein erwünschtes Ergebnis zu erzielen. Der Prozess, in dem ein solches Ergebnis berechnet wird, heißt Datenverarbeitung. Dem Computermodell des Geistes zufolge sind kognitive Prozesse ganz analog dazu, als Prozesse der Datenverarbeitung zu verstehen. Die Daten, auf die sie zugreifen, sind **mentale Repräsentationen,** die für dasjenige stehen, über das jemand nachdenkt oder das er wahrnimmt. Dies können Dinge in der Welt ebenso sein wie die Zustände des eigenen Organismus. Mentale Repräsentationen sind, wie die Daten in einem Computer, physisch realisiert, das heißt, es handelt sich um Strukturen im Computer bzw. Gehirn. Wie man sie sich genau vorzustellen hat, ob sie eher die Form abstrakter Symbole oder diejenige innerer Bilder haben, ob sie unveränderlich sind oder ob sie sich abhängig von den Erfahrungen des Organismus im Fluss befinden, ist umstritten und wird in den folgenden Kapiteln immer wieder thematisiert werden.

Außer den Daten benötigt ein Computer noch Anweisungen, wie mit diesen zu verfahren ist, die Algorithmen. Auch im menschlichen Geist gibt es dem Computermodell zufolge solche Algorithmen, mentale Regeln, die, wie die Subtraktions- und Additionsregeln beim Kopfrechnen, festlegen, was mit den Daten des Geistes zu geschehen hat. Die Analogie von Geist und Programm soll es ermöglichen, mithilfe der Computer etwas über das Funktionieren des Geistes zu lernen, indem man von den Algorithmen eines Computerprogramms Schlüsse auf die Algorithmen des Geistes zu ziehen versucht. Dieser kühne Gedanke hat seine Geschichte, seine Voraussetzungen und Implikationen. Wir beginnen mit der Philosophie.

Eine neue Antwort auf die alte Frage nach dem Verhältnis von Geist und Gehirn: Der Funktionalismus

Was macht kognitive Phänomene zu einem so unhandlichen Forschungsgegenstand, dass die Behavioristen sie am liebsten übersehen hätten und die frühen Kognitionswissenschaftler den Computer bemühen mussten, um sie wieder wissenschaftsfähig zu machen? Ein Grund wurde schon in der Einleitung benannt: Sie sind aus der für eine wissenschaftliche Untersuchung erforderlichen Perspektive der Dritten Person schwer zugänglich. Das erfordert einige Kreativität bei der Entwicklung brauchbarer Forschungsmethoden. Doch der Geist liefert noch ein anderes, traditionell in der Philosophie diskutiertes Problem: Gedanken, Befürchtungen, Pläne, Erinnerungen und dergleichen scheinen von ganz anderer Art zu sein als die Dinge, die uns sonst umgeben. Wir erleben sie als immateriell und flüchtig. Dennoch haben sie eine Eigengesetzlichkeit, sie folgen einer Logik oder Grammatik. Die Idee vom viereckigen Dreieck etwa ist inkonsistent. Es hat in der Philosophie eine lange Tradition, den Geist als etwas ganz anderes als die Materie anzusehen. Man nennt diese Position **Dualismus**, ihr bekanntester Vertreter ist der Philosoph René Descartes, der die Welt in eine ausgedehnte und eine denkende Substanz aufteilte (Descartes 1994). Im 20. Jahrhundert exponierte sich vor allem der deutsch-britische Philosoph Sir Karl Popper mit der Idee, dem Geist und seinen Produkten eine eigene Welt, eine eigene Realität zuzusprechen (Popper 1972).

Doch dieser Schachzug ist alles andere als unproblematisch. Menschen reden, als seien mentale Phänomene wie Gedanken, Pläne oder Entschlüsse die Ursache ihrer Handlungen: »Ich ging noch einmal zum Auto zurück, weil ich dachte, ich hätte den Wohnungsschlüssel im Wagen gelassen.« Wenn aber mentale Phänomene immateriell sind und eine eigene in sich geschlossene Welt bilden, wie können sie dann in der materiellen Welt, in der Menschen sich bewegen, etwas verursachen? Wie kann der Gedanke an den Schlüssel jemanden dazu bringen tatsächlich zum Auto zurückzugehen? Die materielle Welt ist, wie Wissenschaftstheoretiker sagen, kausal geschlossen. Ein materielles Ereignis kann ein anderes verursachen oder selbst von einem solchen verursacht werden. Es laufen jedoch keine Kausalketten aus der materiellen Welt hinaus, um – nach einem Umweg durch nichtmaterielle Welten – wieder zurückzukehren. Es gibt also drei Thesen, die alle etwas für sich haben, die sich aber nicht miteinander vertragen: 1. Körper und Geist sind etwas grundsätzlich Verschiedenes, 2. geistige Ereignisse können körperliche Ereignisse verursachen, und 3. die materielle Welt ist kausal geschlossen. Es ist alles andere als offensichtlich, welche dieser Thesen man aufgeben sollte. Das ist der Kern des **Leib-Seele-** oder, wie es heute oft moderner heißt, des **Körper-Geist-Problems**. Man kann es auch von der anderen, von der materiellen Seite her betrachten: Kaum jemand wird behaupten, die Welt der Gedanken könne gänzlich unabhängig vom menschlichen Körper und vor allem seinem Gehirn oder zumindest von irgendeiner materiellen Basis bestehen. Nun gehört das Gehirn eindeutig in die materielle Welt. Wie bringt es dieses Organ fertig, immaterielle Gedanken zu produzieren? Wie bringt es bewusstes Erleben hervor?

Ende der 1970er Jahre formulierte der Philosoph Hilary Putnam eine Antwort auf das Leib-Seele-Problem, die zur philosophischen Grundlage der Kognitionswissenschaft wurde: den Funktionalismus. Putnam veröffentlichte 1967 einen Aufsatz, in dem er auf eine irritierende Möglichkeit aufmerksam machte: Es ist nicht sicher, dass es so ist, aber es ist zumindest denkbar, dass mentale Prozesse wie Wünsche, Überzeugungen, Pläne, Absichten und dergleichen auch in anderen Systemen entstehen können als im menschlichen Gehirn. Dabei dachte er weniger an die materielosen himmlischen Heerscharen als an

Computer (Putnam 1967). Wenn diese Annahme zutrifft, dann kann man mentale Zustände nicht dadurch identifizieren, dass man sich auf ihr Substrat beruft, indem man also etwa sagt, Schmerzen zu haben bedeutet, dass eine C-Faser-Reizung in einem Organismus vorliegt. Denn wenn Schmerzen auch ganz anders realisiert sein könnten, dann ist die Reizung von C-Fasern nicht das entscheidende Merkmal zur Identifikation von Schmerzen.

Die Antwort des Funktionalismus auf die Frage, was denn nun einen mentalen Zustand ausmacht, lautet: seine Funktion, die kausale Rolle, die er in einem Organismus spielt, seine charakteristischen Ursachen und Wirkungen. Schmerzen zu haben bedeutet demnach für einen Funktionalisten nicht wie für einen Behavioristen, ein bestimmtes Verhalten an den Tag zu legen, es bedeutet nicht, wie für einen Physikalisten, in einem bestimmten organischen Zustand zu sein. Schmerz ist vielmehr derjenige Zustand, der gewöhnlich durch eine Verletzung hervorgerufen wird und, da der Schmerz den Wunsch weckt, ihn loszuwerden, ein bestimmtes Verhalten motiviert, um dieses Ziel zu erreichen, etwa eine Schmerztablette zu nehmen. Was immer diese kausale Rolle in einem Organismus spielt, ist für einen Funktionalisten Schmerz.

Dies gilt aus der Sicht des Funktionalismus für alle mentalen Zustände: Es kommt auf ihre kausale Rolle an, gleichgültig, ob sie durch die Kohlenstoffchemie des menschlichen Körpers, die Siliziumchips des Computers oder einen Haufen leerer Blechdosen realisiert wird. Man nennt dies die These von der **Multirealisierbarkeit mentaler Zustände**. Weil auf diese Weise funktional definierte mentale Zustände – wodurch auch immer – physisch realisiert sind, was heißt, dass es sich bei ihnen um Körpervorgänge handelt, können sie auch kausale Kräfte in der physischen Welt ausüben: Das ist die Antwort des Funktionalismus auf das Leib-Seele-Problem. Der Funktionalismus erkennt also, anders als der Behaviorismus, die Existenz mentaler Zustände an, er gibt eine Antwort auf die Frage, wie sie in der materiellen Welt wirken können, und er lässt zugleich die Möglichkeit offen, dass sie auch aus anderem als aus dem natürlichen biologischen Material bestehen könnten.

Diese Eigenschaften machen den Funktionalismus zur wichtigsten und meistdiskutierten philosophischen Position in der Kognitionswissenschaft. Faktisch können in allen künstlichen und natürlichen Systemen funktionale Zustände auftreten. Der Begriff des Vergasers ist ebenso funktional definiert wie der der Niere oder des Ventils (Beckermann 1999, S. 156). Dennoch gilt Putnams Position vor allem als philosophische Grundlegung des Computermodells des Geistes, wohl weil er seine Theorie zuerst am Beispiel der im nächsten Abschnitt dargestellten Turing-Maschine formulierte. Diese Spielart des Funktionalismus nennt man Computer- oder Turingmaschinenfunktionalismus. Für den Computerfunktionalisten sind mentale Vorgänge Prozesse der Datenverarbeitung. Geist zu haben bedeutet demnach nichts anderes, als ein datenverarbeitendes System, also eine Art Computer zu sein.

Auch wenn der Funktionalismus die ideale philosophische Grundlegung für die Kognitionswissenschaft abgibt, bedeutet dies nicht, dass alle Kognitionswissenschaftler Funktionalisten sind. Gegen den Funktionalismus, wie gegen alle bislang vorgeschlagenen Lösungen des Leib-Seele-Problems, gibt es eine Reihe von Einwänden (siehe etwa Block 1978, als Übersicht und Einführung Brüntrup 1996). Dennoch ist der Funktionalismus bis heute zweifellos die einflussreichste Antwort auf das Leib-Seele-Problem in der Kognitionswissenschaft.

Wie alle philosophischen Theorien liefert der Funktionalismus nur einen groben Rahmen, in dem das kognitionswissenschaftliche Projekt, kognitive Prozesse als Datenverarbeitungsprozesse zu erklären und zu verstehen, sinnvoll erscheint. Auf die konkretere Frage, wie die Datenverarbeitungsprozesse aussehen, die unseren kognitiven Leistungen zugrunde liegen sollen, gibt er keine Antwort. Eine zentrale Antwort auf diese Frage hat hingegen Alan Turing gegeben.

Alan Turings Rechenmaschine

Ein Computer, zumindest ein herkömmlicher seriell arbeitender Digitalrechner, kann genau genommen nicht viel: Er geht von einem Zustand in einen anderen über, transformiert Nullen in Einsen und umgekehrt, und der ganze Trick des Programmierens liegt darin, ihn diese elementaren Prozessen oft genug und vor allem in der richtigen Reihenfolge abarbeiten zu lassen, was er dann mit hoher Geschwindigkeit und Präzision auch tut. Dabei weiß der Computer nichts von dem, was er berechnet. Er kennt die Bedeutung seiner Daten nicht, und die Rede davon, dass »der Computer rechnet«, ist im Grunde eine anthropomorphistische Deutung des Zuschauers oder Benutzers. Der Computer transformiert Muster, die für ihn bedeutungslos sind, und er kann nur auf Unterschiede in der Struktur, nicht in der Bedeutung seiner Daten zugreifen. Um die bunte und bisweilen wenig geordnete Welt kognitiver Prozesse auf diese simplen Vorgänge abbilden zu können, muss man sie entsprechend formalisieren.

Die Idee, das menschliche Denken als einen formalisierbaren Prozess aufzufassen, bei dem es nicht auf die Inhalte, sondern nur auf die Struktur ankommt, kann man bis zur Syllogistik, der Argumentationslehre, des griechischen Philosophen Aristoteles zurückverfolgen. Er unterschied dort verschiedene Verfahren, auf korrekte Art aus gegebenen Prämissen Schlussfolgerungen zu ziehen. Sein berühmtestes Beispiel ist das folgende: Aus den Sätzen »Sokrates ist ein Mensch« und »Alle Menschen sind sterblich« folgt »Sokrates ist sterblich«. Dem liegt ein

Muster zugrunde, das für alle Sätze ungeachtet ihres Inhalts gilt: Aus »A ist B« und »Alle B sind C« folgt »A ist C«. Alle Schlüsse dieser Form, die auf wahren Prämissen beruhen, liefern wahre Ergebnisse – ungeachtet ihres Inhalts. Solche formalen Prozeduren sind von Nutzen, wenn man es mit so komplexen Argumenten zu tun hat, dass man intuitiv, durch Nachdenken über den Inhalt des Behaupteten, nicht mehr entscheiden kann, ob ein Argument gültig ist oder einen Trugschluss darstellt.

Der Gedanke, man könne die Richtigkeit von Sätzen durch ein mechanisches Verfahren objektiv beweisen, faszinierte auch den Philosophen Raimundus Lullus. Er arbeitetet im 13. Jahrhundert auf Mallorca an einer Denkmaschine, die mithilfe drehbarer Drei- und Vierecke den Sarazenen die Wahrheit der christlichen Lehre dartun sollte (Flasch 1986, S. 389). Gottfried Wilhelm Leibniz, der im 17. Jahrhundert an Lullus' Arbeiten anknüpfte, hatte keine missionarischen Absichten, dafür aber die Hoffnung, durch seine *cogitatio symbolica* Meinungsverschiedenheiten, Streit, vielleicht sogar Kriege vermeiden zu können. Die *cogitatio* ist eine Denkmethode nach dem Vorbild des Rechnens. Die Richtigkeit von beliebigen Aussagen sollte mittels eines rein formalen Verfahrens überprüfbar sein, so dass Meinungsverschiedenheiten durch ein objektives Verfahren beigelegt werden könnten (Krämer 1991, S. 2).

Leibniz' Idee war, dass man Denken als einen Prozess der »Verknüpfung und Substitution von Zeichen« verstehen könne. Zeichen stehen für das, worüber Menschen nachdenken, »Verknüpfung und Substitution« stehen für das, was beim Nachdenken mit diesen Zeichen geschieht. Ließen sich diese Prozesse ausbuchstabieren und in die Form eines präzisen Algorithmus bringen, müsste der Denkende sich nur blind an diese Regeln halten, und er könnte gar nicht anders, als beim Nachdenken richtige Ergebnisse zu erzielen.

»Verknüpfung und Substitution« bezeichnet man in Bezug

auf Computer heute als Datenverarbeitung oder als Berechnung. Bis Mitte der 1930er Jahre war allerdings alles andere als klar, was Rechnen genau bedeuten sollte und was als berechenbar zu betrachten war. Den Begriff der Berechenbarkeit präzise bestimmt zu haben, ist das Verdienst des englischen Mathematikers Alan Turing. Als Rechnen gelten seit Turing Prozesse, wie sie in einer Turingmaschine ausgeführt werden, als berechenbar gilt, was in einer Turingmaschine berechnet werden kann. Eine Turingmaschine ist kein echtes Gerät, es ist das Konzept einer Rechenmaschine, die mit einfachsten Mitteln Funktionen berechnen kann. Die von Turing und dem Mathematiker Alonso Church formulierte Church-Turing-These besagt, dass es für jede berechenbare Funktion eine Turingmaschine gibt, die diese auch berechnen kann.

Turing orientierte sich bei der Konzeption der nach ihm benannten Maschine am gewöhnlichen Rechnen mit Bleistift und Papier und an Verbalprotokollen von Berichten, die Menschen während des Lösens von Rechenaufgaben geliefert hatten: »Will man erreichen, daß sich eine Maschine bei einer schwierigen Operation wie ein menschlicher Rechner verhält, muß man ihn fragen, wie er sie ausführt, und die Antwort dann in die Form einer Befehlsliste bringen. Die Aufstellung von Befehlslisten bezeichnet man gewöhnlich als ›programmieren‹.« (Turing 1967, S. 112)

Eine Turingmaschine besteht aus einem unendlich langen Band – deshalb kann sie nicht hergestellt werden –, das in gleich große Felder unterteilt ist, und einem Schreib-Lesekopf, der über diesem Band angebracht ist. Der Schreib-Lesekopf muss in der Lage sein, das Band um jeweils ein Feld nach rechts oder links zu bewegen und zu stoppen. Außerdem muss er die auf dem Band aufgedruckten Zeichen erkennen, löschen oder selbst drucken können. Nun fehlt noch eine Kontrolleinheit, die den Schreib-Lese-Kopf steuert. Auf den Feldern des Speicherbandes sind entweder Zeichen eines vorgegebenen Alphabets aufgedruckt oder sie sind leer. Im einfachsten Fall enthält das »Alphabet« gerade ein Zeichen, etwa einen Schrägstrich oder eine Eins. Dann operiert die Turingmaschine mit einem Unärcode, im Unterschied zu dem bei Computern gängigen Binärcode, der zwei Zeichen umfasst. Eine so genannte Maschinentafel bestimmt, wie sich die Turingmaschine verhalten soll. Sie enthält für jeden Zustand, den die Maschine einnehmen kann, und für jedes Zeichen, das auf dem Speicherband stehen kann, Anweisungen, was zu tun ist. Dass die Maschine unterschiedliche logische Zustände annehmen kann, ist erforderlich, damit sie je nach Bedarf auf unterschiedliche Weise auf das Vorliegen desselben Zeichens reagieren kann, eine »1« also entweder löschen oder ignorieren kann. Befindet sich die Maschine im Zustand 1, besagt die Maschinentafel zum Beispiel: »Wenn das Feld, über dem der Lesekopf steht, leer ist, drucke eine ›1‹ und bleibe im Zustand 1. Steht auf dem Feld eine ›1‹, dann gehe ein Feld nach rechts und gehe in den Zustand 2 über.« Befindet sich die Maschine in Zustand 2, besagt die Maschinentafel: »Ist das Feld leer, stoppe und gehe in Zustand 1 über, steht auf dem Feld eine ›1‹, lösche sie und bleibe in Zustand zwei.« Die Maschinentafel enthält also das Programm der Turingmaschine.

Eine Turingmaschine mit der genannten Maschinentafel ist eine so genannte Nachfolgemaschine, das heißt, sie berechnet den Nachfolger jeder Zahl, die Funktion n+1. Dazu beginnt sie im Zustand 1 auf dem ersten leeren Feld rechts neben einer Reihe von Einsen, die im Unärcode die Zahl codieren, deren Nachfolger es zu finden gilt, und druckt auf dieses Feld eine »1«. Dann geht sie, immer noch im Zustand 1, ein Feld nach rechts und wechselt in den Zustand 2. Findet sie das Feld, über dem der Lesekopf nun steht, leer vor, bleibt sie stehen und geht in der Zustand 1 über. Damit ist die Aufgabe erledigt: Die Kette der Einsen ist um eine weitere »1« verlängert worden und damit der Nachfolger der gegebenen Zahl im Unärcode dargestellt. Findet die Maschine dagegen eine »1« auf dem betreffenden Feld vor, löscht sie diese zuerst und bleibt dann stehen (nach Beckermann 1998, S. 159f.)

Eine solche Turingmaschine ist auf eine einzige Art der Berechnung spezialisiert, denn sie muss für jede Art von Berechnung, die sie ausführt, mit einer eigenen Maschinentafel versehen werden. Turing erdachte aber auch eine universelle Rechenmaschine, die jede dieser speziellen Turingmaschinen simulieren kann. Dazu erhalten die einzelnen Turingmaschinen Codenummern, die an die Stelle der jeweiligen Maschinentafeln treten und das Verhalten der universellen Turingmaschine zusammen mit dem zu berechnenden Argument festlegen. Das Faszinierende an der Idee der universellen Turingmaschine besteht darin, dass es nur einer wohl definierten Menge an Symbolen und einer ebenso wohl definierten Menge an Anweisungen (Algorithmen) bedarf, um jeden durch diese Elemente darstellbaren Vorgang in einer Maschine nachzubilden: Denken, soweit es sich an die Regeln der Logik hält, Sätze, sofern sie grammatisch korrekt sind, Berechnungen, soweit sie korrekt verlaufen.

Die Bedeutung der Turingmaschine für die Kognitionswissenschaft erschließt sich im Zusammenhang mit der von Allen Newell und Herbert Simon formulierten **Hypothese der physikalischen Symbolsysteme** (PSSH, *Physical Symbol System Hypothesis*; Newell/Simon 1976, Newell 1980). Diese Hypothese besagt, dass ein auf welche Weise auch immer materiell realisiertes Symbolverarbeitungssystem, also eine endliche Turingmaschine, die notwendigen und hinreichenden Bedingungen für Intelligenz besitzt:

»Wir können nun eine allgemeine wissenschaftliche Hypothese aufstellen, ein Gesetz qualitativer Struktur für Symbolsysteme: die Hypothese der physikalischen Symbolsysteme. Ein physikalisches Symbolsystem hat die notwendigen und hinreichenden Mittel für allgemeine intelligente Handlungen. Mit ›notwendig‹ meinen wir, daß irgendein

System, das allgemeine Intelligenz zeigt, sich in der Analyse als ein physikalisches Symbolsystem herausstellen wird. Mit ›hinreichend‹ meinen wir, daß irgendein physikalisches Symbolsystem hinreichender Größe weiter organisiert werden kann, so daß es allgemeine Intelligenz zeigt. Mit ›allgemeine intelligente Handlung‹ wollen wir denselben Bereich der Intelligenz ansprechen, den wir in menschlichen Handlungen finden: daß in irgendeiner wirklichen Situation sich ein Verhalten zeigt, das den Zielen des Systems entspricht und sich den Erfordernissen der Umgebung anpassen kann, und zwar innerhalb bestimmter Grenzen hinsichtlich Geschwindigkeit und Komplexität.« (Newell/Simon 2000, S. 61)

Die PSSH behauptet zum einen, dass ein hinreichend komplexes künstliches physikalisches Symbolsystem zu schaffen bedeutet, ein künstliches intelligentes System zu schaffen. Sie behauptet zum anderen, dass alle intelligenten Systeme, also auch die natürlichen, insbesondere die Menschen, solche Symbolsysteme sind. Dies, so Newell, ist die Art, wie der Geist in eine physische Welt einzieht (1980, S. 136). Jedes intelligente System, meint Newell, enthält ein solches Symbolsystem, und es ist möglich, herauszufinden, was als Symbol dient und welche Prozesse die Symbolverarbeitung bewerkstelligen (ebd., S. 170). Mit anderen Worten, es lässt sich erforschen, wie die kognitiven Aktivitäten des Menschen als Wirkungen eines physikalischen Symbolsystems erklärt werden können.

Hat der Geist eine eigene Sprache?

Die Verheißung dieser Position liegt darin, dass die scheinbar so schwer greifbaren mentalen Vorgänge als in physischen Vorgängen realisiert betrachtet werden. Doch wie schon erwähnt sind die Symbole, mit denen der Computer arbeitet, für diesen selbst bedeutungslos. Der Computer ist eine syntaktische Maschine, ihn interessiert nur die Struktur, nicht der Inhalt seiner

Daten. Die Symbole, mit denen Menschen umgehen, stehen dagegen für etwas, sie beziehen sich auf etwas, so wie ein Stoppschild für die Aufforderung steht, an dieser Stelle zu halten. Philosophen nennen die Eigenschaft mentaler Zustände, sich auf etwas zu beziehen, einen Inhalt zu haben, **Intentionalität**. Mentale Zustände, die diese Eigenschaft aufweisen, heißen intentionale Zustände. Intentionale Zustände haben einige Besonderheiten, die es schwierig erscheinen lassen, sie in physischen Vorgängen zu realisieren. Zum einen ist nicht klar, wie ein physischer Zustand, etwa ein bestimmtes Bitmuster oder das Feuern bestimmter Neuronen für etwas anderes stehen, etwas bedeuten soll. Zudem sind intentionale Zustände produktiv und systematisch. Dass sie produktiv sind, bedeutet, dass wir uns im Prinzip unendlich viele Gedanken machen können. Was immer man gerade denkt, glaubt, hofft oder befürchtet, es gibt unendlich viele andere Dinge, die man auch denken, glauben, hoffen oder befürchten könnte. Dass sie systematisch sind, bedeutet, dass jemand, der sich bestimmte Gedanken machen kann, sich ebenso bestimmte andere Gedanken machen kann, die eine ähnliche Struktur haben. Wer etwa glaubt, dass Hans Peter besucht, kann auch glauben, dass Peter Hans besucht. Wer die PSSH, die Hypothese, dass intelligente Wesen physisch realisierte Symbolsysteme sind, für richtig hält, muss etwas dazu sagen, wie diese (und einige andere) Eigenschaften intentionaler Zustände in den physisch realisierten Symbolen, also den Bitmustern oder den feuernden Neuronen codiert sein können.

Die im Rahmen des Computermodells des Geistes bekannteste und einflussreichste Antwort auf diese Herausforderung besteht in der Annahme einer im Gehirn fest installierten **Sprache des Geistes** *(language of thought, Mentalese)*, die das Medium der Datenverarbeitung im Kopf darstellt. Die ausführlichste Ausarbeitung der Theorie von der Sprache des Geistes stammt von dem Philosophen Jerry Fodor. Nach Fodor ist die Sprache des Geistes ein ähnlich wie eine gesprochene Sprache strukturiertes System von mentalen Repräsentationen, die physisch realisiert sind, bei Menschen etwa in Form der Aktivität der Nervenzellen. Die Sprache des Geistes ähnelt der gesprochenen Sprache auch darin, dass sie aus einzelnen Teilen (Wörtern) zusammengesetzt ist – man sagt, sie habe eine kompositionale Struktur –, und die Möglichkeiten, solche Zusammensetzungen zu bilden, durch Regeln bestimmt werden. Das Mentalese kann damit eine Erklärung dafür anbieten, dass wir potenziell unendlich viele Gedanken denken können. Die kognitive Aktivität des Menschen spielt sich auf der Ebene dieser Sprache des Geistes ab. Die Symbole der Sprache des Geistes haben nicht nur syntaktische, sondern auch semantische, die Bedeutung betreffende Eigenschaften, doch auf letztere kommt es bei kognitiven Prozessen nicht an. Unterschiede in der Bedeutung von Symbolen können nur dann eine Rolle spielen, wenn ihnen strukturelle Eigenschaften entsprechen, denn nur dann kann der Gehirncomputer auf sie zugreifen.

In einem mentalen Zustand befindet sich ein Mensch oder ein System nach Fodor dann, wenn er in einer bestimmten Relation zu einer mentalen Repräsentation steht. Diese Relation besteht darin, dass die mentale Repräsentation in dem System realisiert sein muss. Mentale Prozesse sind kausale Abfolgen von einzelnen Vorkommnissen mentaler Repräsentationen, wie Fodor schreibt (1987, S. 17). Wer glaubt, dass es morgen regnen wird, muss in seinem Speicher für Glaubensinhalte demnach die mentale Repräsentation des Inhalts »Morgen wird es regnen« haben.

Mit seiner Theorie wird Fodor den Besonderheiten intentionaler Zustände durchaus gerecht. Die Frage, wie Symbolverarbeitungsprozesse physisch realisiert, wie sie gebaut werden können, setzt Fodor mit Blick auf die bereits gebauten Computer als beantwortet voraus. Seine Antwort auf das Leib-Seele-Problem ist nun: Mentale Zustände können deshalb in der physischen Welt kausal wirksam sein, weil ihren semantischen

Eigenschaften syntaktische Eigenschaften entsprechen. Wenn Fodors Theorie der Sprache des Geistes richtig wäre, hätte er gezeigt, dass und wie mentale Zustände physisch realisiert werden können. Dass ihm dies allerdings gelungen ist, ist alles andere als unstrittig. Kritiker zweifeln vor allem daran, dass es ausreichend gute Argumente für die Annahme einer Sprache des Geistes gibt (Saporiti 1997). Neue Modelle der Informationsverarbeitung, vor allem die im vierten Kapitel dargestellten neuronalen Netze haben zudem eine lange unvorstellbare Alternative zur Vorstellung von mentalen Prozessen als Prozessen der Symbolmanipulation aufkommen lassen.

Annäherungen an intelligente Leistungen

> Zusammen mit einem neuen Verständnis kognitiver Leistungen weckte der Computer die Hoffnung, dass Tätigkeiten, die beim Menschen zweifellos Intelligenz erfordern, auch von Maschinen ausgeführt werden könnten. Dabei interessierten sich die frühen Kognitionsforscher vor allem für formalisierbare Spiele wie Schach oder die »Türme von Hanoi«, für Dialog- und Expertensysteme, die zu den ersten Erfolgen der Kognitionswissenschaft wurden. Mit den so genannten kognitiven Architekturen entstanden schließlich Systeme, die geeignet sein sollten, den gesamten Bereich der menschlichen Kognition zu modellieren.

Wie Computer nach Problemlösungen suchen

Als Hauptmerkmal menschlicher Intelligenz gilt die Fähigkeit, Probleme ganz unterschiedlicher Art zu lösen. Die Versuche, Leistungen menschlicher Intelligenz in Computern nachzubilden, begannen daher mit Problemlösungssystemen, zunächst mit spezialisierten, dann mit solchen, die auf ein breiteres Themenspektrum angelegt waren. Ihr wichtigstes Programmelement war ein Suchalgorithmus.

Man kann viele Problemlösungsprozesse als Suchprozesse formulieren, als Suche nach einer oder mehreren möglichen Lösungen oder nach der besten verfügbaren. Soll ein künstliches System eine solche Suche vornehmen, muss festgelegt werden, in welchem Zustand es die Suche startet, bei welchem Zustand es die Suche beenden soll, also eine Lösung gefunden ist, und welche Schritte es auf dem Weg zu dieser Lösung unternehmen kann. Vorteilhaft ist es auch, wenn das System erkennen kann, ob es sich dem Sollzustand annähert oder sich von ihm entfernt.

Um unter vielen möglichen Lösungen nach der richtigen oder besten zu suchen, müssen diese erst einmal verfügbar sein. Dazu generiert ein System mögliche Lösungen für ein Problem, etwa die in einem Schachspiel möglichen Anschlusszüge in einer bestimmten Figurenkonstellation, und ordnet sie in einem Suchbaum an. (Ob es einen kompletten Suchbaum generiert, bevor es mit der Suche beginnt, oder die möglichen weiteren Lösungsschritte erst nach und nach berechnet, hängt von der Komplexität der Suchaufgabe ab.) Ein Suchbaum ist eine Anordnung von Systemzuständen und der Verbindungen zwischen ihnen. Sie werden als Knoten und Kanten bezeichnet. Die Knoten stellen die Zustände des Systems bei der Problemlösung dar, etwa eine einzelne Figurenbewegung beim Schach, einen so genannten Halbzug. Die Kanten stehen für die Schritte, die das System durchläuft, um zu diesen Knoten zu gelangen. Die Blätter des Baumes, also die Enden von Ästen, stehen entweder für Lösungen oder für Sackgassen. Der typische Suchbaum der KI steht auf dem Kopf: Die Wurzel befindet sich am oberen Ende, die Blätter am unteren.

Nun kann man auf intelligente und weniger intelligente Art suchen. Die dümmste Art besteht sicher darin, planlos mal hier und mal da zu schauen, so dass man nach kürzester Zeit nicht mehr weiß, wo man schon nachgeschaut hat und wo noch nicht. Etwas klüger ist es, systematisch vorzugehen: Zimmer für Zimmer, Schublade für Schublade. Dabei kann man entweder ein Zimmer vollständig durchsuchen, bevor man mit dem nächsten anfängt, oder in jedem Zimmer erst einmal eine Schublade durchforsten, dann im nächsten Zimmer dasselbe tun etc. Das erste Verfahren bezeichnet man als Tiefensuche: Das Programm durchforstet erst einen Ast des Suchbaumes bis in die feinsten Verzweigungen und steigt dann wieder auf, um sich den nächsten vorzunehmen. Das andere Verfahren heißt entsprechend Breitensuche: Dieses Verfahren durchforstet den Baum Schicht für Schicht von oben nach unten.

Es mag lästig sein, einen Haustürschlüssel in der ganzen Wohnung zu suchen, doch es ist machbar. Die so genannte uninformierte oder blinde Suche, zu der Tiefen- und Breitensuche gehören, ist hingegen bei komplexeren Aufgaben unmöglich. Beim Schachspiel etwa hat jeder Spieler, wenn er am Zug ist, etwa 30 Möglichkeiten zu ziehen, von jedem Knoten im Lösungsbaum gehen also wieder 30 Pfade zu neuen Knoten, von denen wiederum je 30 Pfade abzweigen. Einen vollen Zug (Zug und Gegenzug) vorauszuschauen, würde bedeuten, etwa 1000 Möglichkeiten zu berücksichtigen, bei vier Zügen hätte sich dies auf eine Billion summiert, ein Spiel mit 40 Zügen käme auf 10^{120} Kombinationen, die zu prüfen wären. Das sind mehr Möglichkeiten, als es im Universum subatomare Partikel gibt. Es ist nicht abzusehen, dass ein System eine solche Überprüfung jemals vollständig wird ausführen können. Man bezeichnet dieses Phänomen als kombinatorische Explosion (Haugeland 1987, S. 155). Es lässt schon bei schlanken Suchbäumen den Bedarf an Zeit und Rechenkapazität ins Unermessliche steigen.

Besser ist man dran, wenn man schon im Voraus weiß, wo es sich zu suchen lohnt. Das setzt allerdings eine gewisse Ordnung voraus: Ich lege den Haustürschlüssel nie in den Kleiderschrank, in den Brotkasten, in die Vorratskammer oder auf den Schreibtisch, da brauche ich ihn also auch nicht zu suchen. Dies bezeichnet man als Beschränkung des Suchraums. Noch klüger ist es, wenn ich Hypothesen darüber bilden kann, wo ich konkret nachsehen muss: Ich habe die Tür zwar aufgeschlossen, den Schlüssel aber drinnen nicht abgelegt. Also muss er noch im Schloss stecken. Ein solches Verfahren wird heuristische oder informierte Suche genannt (Pearl 1984). Die KI-Forschung hat ganz unterschiedliche heuristische Suchverfahren entwickelt, gemeinsam ist ihnen, dass sie Wissen über das konkrete Suchproblem ausnutzen, um festzulegen, wo sie als nächstes suchen. Heuristische Suchverfahren versuchen auf unterschiedliche Weise, einen Istzustand zu bewerten, und ordnen ihn dann je nach Ergebnis der Bewertung weiter vorn oder hinten auf ihrer Agenda ein. Zu beachten ist bei solchen Suchverfahren, dass auch die Bewertung und Umverteilung von Lösungsmöglichkeiten Zeit und Speicherplatz verbrauchen. Idealerweise sollte ein Programm, bevor es sich zu einer Suchstrategie entscheidet, auch abschätzen, ob sich der Aufwand lohnt. Wer nur eine kleine Wohnung hat, hat vielleicht schneller alles auf den Kopf gestellt als sich eine optimale **Heuristik** für die Suche zurecht gelegt. Intelligenz manifestiert sich beim Suchen gerade darin, die angemessene Suchstrategie zu finden. In den 50er Jahren gelang es durch die Programmierung solcher Suchprozesse, erstmals Leistungen zu imitieren, die bei Menschen zweifellos Intelligenz verlangen. Diese Programme konzentrierten sich auf formalisierbare Probleme, wie Schach oder Dame, und das Rechnen.

Newell und Simon etwa entwickelten mit *Logical Theorist* ein Programm, dem es 1956 gelang, 38 logische Theoreme aus Russells und Whiteheads Abhandlung *Principia Mathematica* zu beweisen. Das Beweisen dauerte zwischen einer und 45 Minuten (Gardner 1989, S. 162). Dieses Programm ist mit den grundlegenden mathematischen Operationsregeln ausgestattet, dazu mit einer Liste von Axiomen und bereits bewiesenen Theoremen. Erhält das Programm einen neuen logischen Ausdruck mit der Instruktion, einen Beweis dafür zu finden, durchläuft es alle Operationen, die es beherrscht. Findet es einen Beweis, wird dieser auf einem langen Papierstreifen ausgedruckt. Findet es keinen, erklärt es die Aufgabe für unlösbar und beendet die Operationen (Gardner 1989, S. 162).

Logical Theorist ist ein stark spezialisiertes Programm. Es kann Theoreme beweisen, doch nichts darüber hinaus. Einen Schritt in Richtung auf allgemeine Intelligenz stellte das ebenfalls von Newell und Simon entwickelte Programm *General Problem Solver* (GPS) dar. GPS konnte verschiedene formal beschriebene Aufgaben selbständig lösen. Es konnte Schach und die »Türme von Hanoi« spielen sowie Theoreme beweisen. GPS arbeitet mit der Mittel-Ziel-Analyse, einem Verfahren, dem die Idee zugrunde liegt, dass sich Probleme leichter bewältigen lassen, wenn man sie in kleinere Teilprobleme zerlegt, die unabhängig voneinander bearbeitet werden können. GPS prüft zuerst, ob ein Unterschied zwischen dem Soll- und dem Ist-Zustand besteht, wählt dann mithilfe bestimmter Heuristiken einen der gefunden Unterschiede aus und macht dessen Beseitigung zu seinem Teilziel. Um dies zu erreichen, prüft es die ihm zur Verfügung stehenden Methoden dahingehend, ob sie bei der Lösung weiterhelfen. Es stellt also etwa fest, dass die Scheiben bei den »Türmen von Hanoi« nicht auf dem Zielstab stecken. Er entscheidet sich, mit der Verlegung der größten Scheibe zu beginnen, muss jedoch feststellen, dass die kleineren Scheiben, die darauf liegen, dies verhindern. Also macht es die Verschiebung der mittleren Scheibe zu seinem Teilziel, was wiederum nicht unmittelbar funktioniert, weil die kleinste Scheibe im Weg ist. Was bleibt ihm übrig, er befasst sich zunächst mit dem neuen Teilziel, die kleinste Scheibe auf den Zielstab zu befördern. Dann wendet er sich wieder der mittleren zu, die er auf Stab B befördert, und so geht es weiter, bis schließlich alle

Scheiben in der richtigen Reigenfolge auf dem Zielstab angekommen sind. Ein weiteres Beispiel beschreiben Newell und Simon:

»Die Mittel-Ziel-Analyse läßt sich anhand folgender Überlegungen des gesunden Menschenverstandes darstellen: Ich möchte meinen Sohn zum Kindergarten bringen. Worin besteht der Unterschied zwischen dem, was ich möchte, und dem, was ich habe? In der Entfernung. Wie läßt sich die Entfernung verändern? Durch meinen Wagen. Mein Wagen springt nicht an. Was brauche ich, damit er wieder anspringt? Eine neue Batterie. Wo bekommt man Batterien? In einem Geschäft für Autozubehör. Ich möchte, daß mir die Leute im Geschäft die Batterie einbauen, aber sie wissen nicht, daß ich eine brauche. Worin liegt das Problem? Ein Telefon ... usw. Diese Art der Analyse – die Klassifizierung von Dingen im Hinblick auf die Funktion, die sie erfüllen, sowie das dauernde Wechseln zwischen Zielen, erforderlichen Funktionen und Mitteln zu deren Durchführung – bildet das grundlegende heuristische System von GPS.« (Newell/Simon 1972, S. 416, zit. nach Haugeland 1977, S. 229)

Newell und Simon verglichen die Abfolge der Programmschritte des GPS mit Verbalprotokollen über menschliche Rechenprozesse. Dabei stellten sie fest, dass Programm wie Probanden ganz ähnlich wichtige von unwichtigen Lösungswegen unterschieden. GPS, so schlossen sie, kann demnach bis zu einem gewissen Grad als Modell der menschlichen Informationsverarbeitung gelten (Newell/Simon 1972, S. 501).

Obwohl GPS schon erheblich mehr konnte als der *Logical Theorist*, war es von der Flexibilität natürlicher menschlicher Intelligenz noch weit entfernt – und es war nicht recht abzusehen, wie man sich ihr weiter annähern sollte. In der Folge konzentrierte sich die Forschung wieder stärker auf spezialisierte Problemlösungen, es entstanden die Expertensysteme, die ersten Verkaufsschlager der KI.

Künstliche Experten und ihre Probleme

Expertensysteme sind in gewisser Weise das Gegenteil des *General Problem Solvers*, denn ihre Fähigkeiten sind auf eng umgrenzte Wissensbereiche beschränkt. Sie dienen daher auch nicht als Modell allgemeiner menschlicher Intelligenz, doch ihre Programmierung erfordert die Lösung einiger für das Großprojekt der Erforschung der menschlichen Intelligenz relevanter Probleme, darunter die Frage, welches Wissen nötig ist, um in einem Bereich Experte sein zu können.

Expertensysteme sind wissensbasierte Systeme, in denen das Wissen und die Schlussfolgerungsfähigkeit, die Fachleute auf ihrem Gebiet besitzen, formalisiert werden. Ein Expertensystem muss nicht unbedingt die Strategie des menschlichen Experten nachahmen; in der praktischen Anwendung kommt es vielmehr darauf an, dass das System zuverlässige Resultate liefert. Und diese Resultate sollen nicht wie bei einfachen Datenbanken aus einer Liste von Fakten bestehen, sondern aus einer Problemlösung oder zumindest aus einem Vorschlag dafür, wie ein Problem zu lösen ist. Dabei sollen Expertensysteme nicht nur kompetent und zuverlässig sein, sondern auch benutzerfreundlich, das heißt, man sollte sie nutzen können, ohne Informatik studiert zu haben, ihre Datenbestände sollten leicht zu aktualisieren sein und sie sollten ihre Problemlösung transparent machen können.

Das Hauptproblem bei der Programmierung von Expertensystemen ist die Erfassung, Formalisierung und Pflege des nötigen Wissens. Feigenbaum prägte für diesen Aufgabenbereich den Terminus *knowledge engineering*.

Zunächst einmal muss man das benötigte Wissen finden. Der auf den ersten Blick einfachste Weg besteht darin, einen menschlichen Experten daran zu setzen, das Expertensystem schlau zu machen. Hat man einen solchen Experten gefunden, kann man aber nicht selbstverständlich davon ausgehen, dass er sein Wissen zu vermitteln versteht und die Lust und die Zeit hat, dies auch zu tun. Nicht jeder Nobelpreisträger ist ein guter Lehrbuchautor. Zudem müsste der Experte sich erst in das Format einarbeiten, in dem sein Wissen dem Rechner präsentiert werden muss.

Experimente mit maschinellem, also vom Expertensystem selbst durchgeführtem Lernen haben bislang nicht zu guten Ergebnissen geführt. Eine andere Möglichkeit besteht darin, einen *knowledge engineer* zu engagieren, der sich zwar mit der Programmierung auskennt, aber kein Experte ist. Die Last wird damit nur verschoben, denn dem *knowledge engineer* bleibt nichts anderes übrig, als sich selbst erst zum Experten zu machen, bevor er mit dem Programmieren beginnen kann. Man sagt, es dauere etwa zehn Jahre, Experte auf einem Gebiet zu werden. Aus Gründen der Zeitersparnis wäre demnach am besten eine Zusammenarbeit beider Parteien, indem der *knowledge engineer* die Formalisierung des vom Experten formlos gelieferten Wissens übernimmt.

Auch damit sind aber noch nicht alle Probleme gelöst. Versuche, Wissen von Experten zu bekommen, haben oft gezeigt, dass ein erheblicher Teil der Expertenschaft gerade darin besteht, etwas zu können, was man nicht explizit formulieren kann. Dem Arzt kommt ein EEG seltsam vor, ohne dass er präzisieren könnte, warum. Ihm genügt dieses Gefühl, um sicherheitshalber eine weitere Untersuchung anzusetzen. Dieses »wissen wie« anstelle des explizierbaren »wissen dass« dem Computer zu vermitteln, ist eine ungelöste Aufgabe.

Ist das Wissen erst einmal gesammelt, muss es formalisiert, das heißt in eine Sprache übersetzt werden, mit der das System arbeiten kann. Dabei kommt es darauf an, semantische Gehalte, also den Inhalt des Wissens, syntaktisch, also durch Strukturmerkmale, wiederzugeben. Ein Verlust an Bedeutungsfülle ist dabei unvermeidbar. Und es ist nicht ausgeschlossen, dass dabei gerade die Aspekte verloren gehen, die für die Lösung eines Problems wichtig sind.

Während man bei den frühen Expertensystemen versuchte, möglichst das gesamte Wissen eines Experten einzufangen, baut die so genannte zweite Generation der Expertensystem, die Mitte der 1980er Jahre entstand, auf einem anderen Prinzip auf. Bei der Auswahl der Daten für das System ist nicht das Wissen des Experten, sondern die zu lösende Aufgabe entscheidend. Mithilfe eines Experten wird nach Modellen für die Lösung des in Frage stehenden Problems gesucht und das System dann nur mit denjenigen Daten ausgestattet, die für das jeweilige Lösungsmodell nötig sind.

Expertensysteme sind demnach ganz unterschiedlich organisiert, je nach den Anforderungen, die an sie gestellt werden. Es gibt universelle und problemspezifische Lösungsstrategien, analytische, die unter vorgegebenen Lösungen eine auswählen, synthetische, die komplexe Lösungen erst selbst entwerfen, fallorientierte, modellorientierte und erfahrungsorientierte Systeme. Neben den eigentlichen Expertensystemen, die heute eher dazu gedacht sind, menschliche Entscheidungen zu unterstützen als sie zu ersetzen, gibt es Kritiksysteme, die Lösungsstrategien auf Optimalität überprüfen, Checklisten, die sich beschweren, wenn ein Entscheider nicht alle relevanten Alternativen geprüft hat, und *Work Flow*-Systeme, die Arbeitsabläufe optimieren sollen.

Eines der ersten Expertensysteme war DENDRAL. Das 1970 von Joseph Feigenbaum in Stanford entwickelte System verfügte über eine riesige Menge Wissen über organische Verbindungen und diente zur Interpretation von Daten, die ein Massenspektrometer, ein Gerät zur chemischen Analyse, geliefert hatte. Ein anderes Expertensystem, das in Stanford entwickelte MYCIN, diente zur Diagnose und Therapie bakterieller Infektionskrankheiten des Blutes. Das ambitionierteste Projekt begann 1984 der Informatiker Dough Lenat in Austin, Texas: Ein universelles Expertensystem sollte entstehen, das fähig wäre, gewöhnliche Sprache zu verstehen und zu sprechen, fähig vor allem, die Fragen seiner Benutzer zu beantworten, welches Gebiet sie auch immer beträfen. CYC sollte das System heißen, abgeleitet von *Encyclopedia* wegen seines enzyklopädischen Wissens. Doch trotz unzähliger Stunden, die in die Programmierung von CYC investiert wurden, wurde die Hoffnung seines Schöpfers enttäuscht, Intelligenz könne durch die bloße Übermittlung einer großen Menge von Informationen hergestellt werden. Heute ist CYC zwar eine eindrucksvolle Datenbank, zeigt aber keine nennenswerte Intelligenz (www.cyc.com; www.opencyc.org). Große Bedeutung haben Expertensysteme hingegen heute im Bereich des Wissensmanagements und der Informationsintegration, wie sie etwa intelligente Suchmaschinen im WWW leisten. Für die kognitionswissenschaftliche Forschung, der gut zu verkaufende Produkte wie die Expertensysteme zwar entgegenkommen, der es aber vor allem um das Verständnis des menschlichen Denkens geht, ist dabei der Gedanke von Interesse, dass Expertensysteme den menschlichen Bedürfnissen vielleicht erst dann optimal entgegenkommen, wenn ihr Wissen ebenso organisiert ist und ebenso abgerufen werden kann wie das Wissen im menschlichen Gehirn.

Gespräche mit Computern: Der Turingtest

Neben der Lösung von formalisierbaren Problemen interessierten sich die frühen Kognitionswissenschaftler für Dialogsysteme. Das sind Systeme, die in der Lage sein sollen, mit Menschen in natürlicher Sprache zu kommunizieren und dabei ein Verständnis für die Dinge zu entwickeln, über die sie kommunizieren. Vorläufer der Dialogsysteme sind so genannte Frage-Antwort-Systeme. Anders als die Dialogsysteme berücksichtigen sie den Verlauf eines Dialoges nicht, sondern betrachten jeweils nur die eine Frage, auf die sie eine Antwort generieren.

Dialogsysteme haben ihr Anwendungsfeld darin, einen unformalisierten Umgang des Benutzers mit dem Programm zu ermöglichen. Moderne Dialogsysteme verfügen über eine Interpretationsroutine, die eingehende Frage analysiert und mit Hilfe des dem System zur Verfügung stehenden Hintergrundwissens eine Antwort generiert. Die ersten Frage-Antwort-Systeme der 50er Jahre waren einfacher gestrickt und kamen bisweilen ganz ohne Hintergrundwissen aus. Zudem konnte man mit ihnen nur über eine Tastatur, nicht verbal kommunizieren. Katalysator der Entwicklung der Dialogsysteme war und ist der so genannte Turingtest.

Die Analogie von Gehirn und Computer, von Geist und Programm hat zwei Seiten: Wenn Menschen einen Computer im Kopf haben, heißt dass nicht auch, dass Computer denken können? »Kann eine Maschine denken?«, ist auch ein berühmter Aufsatz Alan Turings aus dem Jahr 1950 überschrieben. Er beantwortet die Frage, indem er vorschlägt, sie durch eine andere zu ersetzen. Man stelle sich ein Spiel der folgenden Art vor: Es gibt drei Mitspieler, einen Mann, eine Frau und einen Fragesteller, dessen Geschlecht keine Rolle spielt. Der Fragesteller kommuniziert mit den beiden anderen (A und B genannt), ohne sie zu sehen, via Fernschreiber, wie Turing vorschlug. Sein Ziel ist es, durch Fragen herauszufinden, wer der Mann und wer die Frau ist. Einer der beiden versteckten Spieler hat dabei die Aufgabe, dem Fragenden zu helfen, der andere, ihn zu verwirren. »Wir stellen nun die Frage: Was passiert, wenn eine Maschine die Rolle von A in diesem Spiel übernimmt? Wird der Fragesteller sich in diesem Fall ebenso oft falsch entscheiden wie dann, wenn das Spiel von einem Mann und einer Frau gespielt wird? Diese Fragen treten an die Stelle unserer ursprünglichen: ›Können Maschinen denken?‹« (Turing 1967, S. 107) Ein Computer soll dann als denkende Maschine gelten, wenn es ihm gelingt, für einen Menschen gehalten zu werden.

Dieses ursprünglich als »Turings Imitationsspiel« bezeichnete Verfahren wurde später ein wenig vereinfacht: Kann ein Mensch, der nur via Tastatur mit einem Dialogpartner kommuniziert, erkennen, ob er es mit einem Menschen oder mit einem Computer zu tun hat? Damit war der Turingtest geboren, eine Herausforderung, die von KI-Forschern und Programmierern bis heute begeistert angenommen wird. Schon in den 60er Jahren entstanden die ersten dialogfähigen Programme. 1990 stiftete Hugh G. Loebner nach Absprache mit dem *Cambridge Center for Behavioral Studies* 100 000 US-Dollar samt einer Goldmedaille für den ersten Computer, der in der Lage wäre, die Juroren davon zu überzeugen, dass er ein Mensch ist. Dieser Preis wurde bislang nicht vergeben. Zusätzlich stiftete Loebner einen Preis von 2 000 US-Dollar samt einer Bronzemedaille, der jährlich für den »most human« Computer verliehen wird und um den sich KI-Enthusiasten aus der ganzen Welt bewerben (www.loebner.net).

Der Turingtest hat – wie schon Turings Definition des Berechnens durch die Operationen der Turingmaschine – den Vorteil, einen sehr unklaren Begriff wie den des Denkens durch eine klare Aufgabe zu ersetzen. Aber kann man die Frage, ob Maschinen denken, so einfach durch die von Turing vorgeschlagene ersetzen? Soll man sagen, eine Maschine, die den Turingtest besteht, kann denken?

Nach Turing verhindert dieses Vorgehen, dass Maschinen anthropomorphistisch dafür bestraft werden, dass sie nicht wie Menschen aussehen, denn im Turingtest sieht man sie nicht. Turing geht dabei von einigen nicht unstrittigen Voraussetzungen aus, etwa, dass die Maschine dieselbe Strategie wählen wird, wenn sie die ihr gestellten Fragen beantwortet, wie Menschen es tun.

Gegen die von Turing vorgeschlagene Strategie, die Fragen nach dem Denken durch die nach dem Bestehen des Turingtests zu ersetzen, hat es zahlreiche Einwände gegeben. Diese zielten teilweise darauf ab, dass ein Computer sich stets durch seine überragenden Rechenfähigkeiten verraten würde, teils darauf, dass es undenkbar sei, ihm das nötige Weltwissen zu vermitteln, um sich all den Themen zu stellen, über die Menschen gern reden. Wieder andere kritisierten, dass Computer auch nach Lösung dieser Probleme nicht als denkende Maschinen gelten könnten, weil ihnen Gefühle, Interessen, Bewusstsein und andere dem Menschen eigene Vermögen fehlen müssten. Wieder andere zogen in Zweifel, dass Intelligenz mit der Fähigkeit, Fragen zu beantworten, gleichgesetzt werden dürfe. Der Anziehungskraft des Turingtests tut diese Kritik keinen Abbruch.

Der erste, der Anspruch darauf erhob, sein System habe den Turingtest bestanden, war der Psychiater Kenneth Colby. Er stellte 1975 PARRY vor, ein System, das in einem Dialog einen paranoiden Patienten mimt (Colby 1975). Psychiater, die mit dem Programm konfrontiert wurden, sahen sich nicht in der Lage, den simulierten Paranoiden von einem echten Patienten zu unterscheiden. Doch PARRY arbeitete offenbar mit einem unlauteren Trick. Die Dialogsituation ist so gewählt, dass inkohärentes und unsinniges Systemverhalten, das gewöhnlich den Rechner enttarnen würde, der Erkrankung des Dialogpartners zugeschrieben wird.

Beeindruckender waren die Leistungen von ELIZA, einem Programm von Joseph Weizenbaum (Weizenbaum 1966). Dieses Programm bedient sich ebenfalls einer Ausnahmesituation, es mimt einen Psychotherapeuten, der ein Vorgespräch mit einem angehenden Patienten führt. Auch in dieser Situation ist der Dialogpartner, in diesem Fall der Patient, in der Regel bereit, einen gewissen Tiefsinn in seltsam formulierte oder scheinbar zusammenhanglose Bemerkungen hineinzuinterpretieren, wie etwa in folgendem mit ELIZA geführtem Gespräch:

Beispieldialog (E: ELIZA, P: Person)
P: Die Männer sind alle gleich.
E: In welcher Hinsicht?

P: Sie nerven uns immer wegen irgendetwas.
E: Denken Sie da an ein bestimmtes Beispiel?
P: Nun, mein Freund wollte, dass ich herkomme.
E: Ihr Freund wollte, dass Sie herkommen.
P: Er sagt, ich sei fast immer deprimiert.
E: Es tut mir leid, dass Sie fast immer deprimiert sind.
P: Es stimmt. Ich bin unglücklich.
E: Glauben Sie, wenn Sie hierher kommen, wird ihnen das helfen, weniger unglücklich zu sein?
P: Ich brauche Hilfe, das ist jedenfalls klar.
E: Was würde es für Sie bedeuten, wenn Sie Hilfe bekämen?
P: Vielleicht würde ich lernen, mit meiner Mutter auszukommen.
E: Erzählen Sie mir mehr über Ihre Familie.
(Zitiert nach Gardner 1989, S. 172)

Wie Weizenbaum feststellte, lassen sich Personen, die den Aufbau des Programms nicht kennen, eine ganze Weile lang von ihm zum Narren halten. Die Wirkung ELIZAs war bei einigen Menschen sogar so groß, dass sie baten, sich unbeobachtet mit dem System unterhalten zu dürfen, weil sie sich von ihm gut verstanden fühlten. Manche beharrten auch nach der Aufklärung über die wahre Natur ihres Gesprächspartners noch auf ihrem Wunsch (Weizenbaum 1977, S. 251 f.). Freilich funktioniert ELIZA nur, wenn sich die »Patienten« daran halten, nur über sich und ihr Leben zu sprechen. Weicht man vom Thema ab, enttarnt sich das Programm leicht durch unpassend angebrachte Floskeln. ELIZA ist im WWW unter folgenden Adressen zu sprechen: www.manifestation.com/neurotoys/eliza.php3 und www.ai.ijs.si/eliza/eliza.html

Weder PARRY noch ELIZA verstehen ein Wort von dem, was man zu ihnen sagt. Beide betreiben nur minimale Analysen der eingegebenen Sätze. Sie beruhen auf dem Vergleich dieser Sätze mit Musterbeschreibungen für natürliche Sätze, die ihnen eingegeben wurden. Weizenbaum vergleicht ELIZA mit einer Schauspielerin, die über eine Reihe von Techniken verfügt, selbst aber nichts zu sagen hat (ebd., S. 251). ELIZA sucht die eingegebenen Sätze auf Schlüsselwörter wie »Vater« oder »Ich« ab und antwortet, indem es den eingegebenen Satz nach Regeln, die mit dem Schlüsselwort verbunden sind, transformiert. Wird »Vater« erwähnt, antwortet es etwa mit »Erzählen Sie mir mehr über Ihren Vater!« Wird »Ich erinnere mich an …« eingegeben, antwortet es mit »Erinnern Sie sich oft an …?«. Finden sich keine solchen Schlüsselwörter, reagiert das Programm mit Floskeln wie »Warum glauben Sie das?« oder »Erzählen Sie mir mehr darüber«, oder es greift auf früher gefallene Äußerungen zurück. Dabei wählt es geschickt diejenigen unter den schon gefallenen Bemerkungen aus, die mit »mein« beginnen, in der Annahme, dass die dort erwähnten Themen für den Gesprächspartner von besonderer Bedeutung sind (Gardner 1989, S. 172). Zahlreiche derartige Daumenregeln, auch Heuristiken genannt, lassen ELIZA einen erstaunlich natürlich anmutenden Dialog führen. Anders als ELIZA verfügt PARRY zusätzlich zu den Verfahren des Mustervergleichs über ein Modell paranoiden Verhaltens. Es generiert seine Antworten anhand von Regeln, die typische paranoide Verhaltensweisen wie Wutausbrüche oder Misstrauen codieren.

ELIZA gibt sich als Therapeut, versteht aber kein Wort. Terry Winograd verfolgte bei seinem simulierten Roboter SHRDLU, den er Ende der 60er Jahre am MIT *Artificial Intelligence Laboratory* entwickelte, einen anderen Weg (Winograd 1972). Das Programm soll Sprache wirklich verstehen und als verständiger Experte agieren. Winograd macht keine Anleihen bei psychischen Erkrankungen, um Schwächen seines Systems zu verdecken, doch auch für SHRDLU ist die reale Welt zu komplex. Seine Welt ist eine Mikrowelt, ein vereinfachter Ausschnitt der Welt, im Falle von SHRDLU ein Zimmer mit Bauklötzen, farbigen Quadern, Pyramiden, Kugeln, Kegeln und Kisten und einer, SHRDLUs, Hand. Für SHRDLU existiert diese Mikrowelt nur als Datenstruktur in einem Computer, geschrieben in der damals gängigen Programmiersprache MacLisp. Man kann die

Klötzchenwelt auf einem Bildschirm grafisch darstellen, doch dies dient nur der Unterhaltung der Zuschauer. SHRDLU benötigt die Visualisierung nicht. SHRDLU wurde bislang nicht in eine moderne Computersprache übertragen und läuft daher aktuell nicht.

SHRDLU ist für die Kommunikation in einer natürlichen, nicht formalisierten Sprache (Englisch) entwickelt worden. Er wechselt zwischen einem Frage-Antwort-Modus und einem Aktionsmodus. Im ersten kann er Fragen beantworten, die sich auf seine Mikrowelt beziehen, im zweiten Aktionen in dieser Welt ausführen. Seine Fähigkeit, weitgehend natürliche Dialoge über seine Klötzchenwelt zu führen, ist beeindruckend. Hier ein Beispieldialog (P: Person, S: SHRDLU):

P: Hebe einen großen roten Klotz auf.
S: OK.
P: Suche einen Klotz, der größer ist als der, den du hältst, und lege ihn in die Schachtel.
S: OK.
P: Was ist in der Schachtel?
S: Die blaue Pyramide und die blaue Schachtel.
P: Was steht unter der Pyramide?
S: Die Schachtel.
P: Kann eine Pyramide auf einem Klotz stehen?
S: Ja.
P: Würdest du bitte beide rote Klötze und entweder einen grünen Würfel oder eine Pyramide aufeinander stapeln?
S: OK.
P: Welcher Würfel liegt auf dem Tisch?
S: Der große grüne, auf dem die rote Pyramide steht.
P: Ist ein großer Klotz hinter der Pyramide?
S: Ja, drei: ein großer roter, ein großer grüner Würfel und der blaue.
P: Wann hast du die grüne Pyramide aufgehoben?
S: Als ich den roten Würfel, einen großen roten Klotz und einen großen grünen Würfel aufeinandergestapelt habe.
P: Warum?
S: Um sie los zu werden.

P: Warum hast du das gemacht?
S: Um den roten Würfel freizuräumen.
P: Lege die blaue Pyramide auf den Klotz in der Schachtel.
S: OK.
P: Danke.
S: Bitte sehr.
(Zit. nach Gardner 1989, S. 174)

SHRDLU arbeitet, anders als PARRY und ELIZA, mit einer ganzen Reihe von spezialisierten Modulen, die die Analyse der Eingabe und das Generieren der Antwort leisten: Das Programm verfügt über einen Syntax-Spezialisten, der Sätze in Wortgruppen zerlegt, einen Satz-Spezialisten, der feststellt, wie sich Verben und Nomina aufeinander beziehen, und einen Drehbuchspezialisten, der die einzelnen Szenen zu einer Geschichte verknüpft. Alle diese Spezialisten können flexibel untereinander Informationen austauschen. Wird das Programm mit mehrdeutigen Sätzen konfrontiert, zieht es die im Verlauf des Dialogs schon gefallenen Äußerungen und die aktuelle Position der Klötze zur Rate, um zu einer eindeutigen Interpretation zu gelangen. Wenn SHRDLU Vorarbeiten leisten muss, um einer Aufforderung nachzukommen, wird er das tun und kann dies auch thematisieren. Man kann seinen Wortschatz erweitern, indem man ihm neue Ausdrücke in normaler Sprache erklärt – vorausgesetzt er kennt die in der Erklärung verwendeten Ausdrücke.

Trotz dieser überzeugenden Performance ist umstritten, ob SHRDLU die Befehle, die er ausführt, und die Fragen, die er beantwortet, tatsächlich versteht. SHRDLU wirkt nur deshalb so gewandt, so lautet die Kritik, weil die Mikrowelt all das ausklammert, was wirklich Intelligenz erfordern würde. SHRDLUs Bauklötze gehen nie verloren, werden nie vom Hund angenagt oder gegen eine Wasserpistole eingetauscht. Sein Verständnis, so er denn welches besitzt, beschränkt sich auf eine fiktive Welt, in der die Verwicklungen des Alltags keinen Platz haben. Und es ist nicht nur eine Frage des Vokabulars, dass man mit SHRDLU nicht über den Tausch der großen roten Pyramide gegen eine Wasserpistole verhandeln kann, denn die nötigen Vokabeln hätten in seiner Welt keinen Sinn (Haugeland 1985, S. 161 ff.).

SHRDLU verfährt sicherlich anders als ein Mensch in einer Bauklötzchenwelt agieren würde. Aus seiner Mikrowelt führt kein direkter Weg zur Simulation natürlicher Intelligenz. Sein wichtigster Beitrag zu diesem Projekt besteht darin, Probleme aufzudecken, mit denen Systeme, die natürliche Sprache verstehen und in ihrer Welt Handlungen planen und ausführen sollen, klarkommen müssen. Dazu gehören neben der Analyse und Generierung sinnvoller Sätze vor allem die Organisation und die Menge des nötigen Hintergrundwissens: Was alles muss man über eine Pyramide, einen Klotz oder eine Säule wissen, um entscheiden zu können, mit welchen Gegenständen man es zu tun hat und in welcher Reihenfolge man sie aufeinander stapeln kann? Die Computersimulation intelligenten Verhaltens macht deutlich, wie viel von dem, was Menschen durch bloßes Hinschauen erledigen, einem Programm explizit gemacht werden muss.

Wie passt die Welt in den Speicher?
Formen der Wissensrepräsentation

ELIZA bringt es fertig, einen halbwegs natürlich wirkenden Dialog zu führen, ohne über das geringste Wissen zu den Themen zu verfügen, über die es spricht. Damit ist ELIZA eine Ausnahme. Die meisten KI-Systeme sind wissensbasierte Systeme. Nicht nur der Erwerb von Wissen, wie er im Abschnitt über die Expertensysteme thematisiert wurde, wirft zahlreiche Probleme auf, Wissen will auch gespeichert und so sortiert sein, dass man im richtigen Moment darauf zurückgreifen kann.

Außerdem soll das Wissen so geartet sein, dass es für das zu lösende Problem ausreicht, es darf aber nicht so umfänglich sein, dass es die Speicher- und Verarbeitungskapazitäten des Computers überfordert.

Seit Beginn der Kognitionswissenschaft sind zahlreiche Repräsentationsformen von Wissen entwickelt worden. Eine der ersten war die Liste *(list)*, in der sich geordnete Datenstrukturen speichersparend unterbringen lassen. Listen wurden etwa in den Programmen von Newell und Simon verwendet. Listen haben den Nachteil, dass sie keine Relationen zwischen den einzelnen Einträgen darstellen können. Dieses leisten die Rahmen *(frames)*. Diesem von Marvin Minsky entwickelten Format liegt der Gedanke zugrunde, inhaltlich zusammengehöriges Wissen auch formal zusammenzufassen (Minsky 1975).

Minskys Ansatz basiert auf psychologischen Studien über das menschliche Gedächtnis, die gezeigt haben, dass neue Informationen nicht zusammenhanglos, sondern im Verbund mit anderen Informationen zum gleichen Thema gespeichert werden, in so genannten Schemata. Frames sind Strukturen, die Menschen im Laufe ihres Lebens aufgrund ihrer Erfahrungen anlegen. Sie repräsentieren das Typische einer Situation und haben Leerstellen, so genannte Terminals, die durch spezifische Informationen ausgefüllt werden können. Die Frames bleiben nicht ein für allemal bestehen, sondern passen sich fortlaufend der menschlichen Erfahrung an. In einer konkreten Situation, etwa dem Treffen mit einem Freund, wird ein Frame, zum Beispiel »Mensch«, aktiviert, seine Leerstellen werden mit den wahrgenommenen Eigenschaften der konkreten Person ausgefüllt, und so erlaubt es der Frame, sich in der Situation zu orientieren. Ersatzannahmen ergänzen das Bild: Man geht auch dann davon aus, dass der andere Füße hat, wenn man sie wegen der Schuhe, in denen sie stecken, nicht gesehen hat. Wenn man ein Restaurant betritt, geht man davon aus, dass es eine Küche hat. Bisweilen konkurrieren mehrere Frames um die Interpretation der Daten, und auch wenn sich eins durchsetzte, so Minsky, kann es sein, dass die anderen weiterhin »in den Kulissen herumschleichen« und auf eine Gelegenheit warten, sich einzumischen und die Interpretation zu verwirren (Minsky 1990, S. 245). Die Idee der Frames wurde von vielen Forschern aufgegriffen und umgesetzt. Ein Frame, der es einem Computer erlauben soll, einen Apfel zu erkennen und angemessen mit ihm umzugehen, sieht etwa so aus:

name: Apfel
subclass-of: Obst
color: Rot *or* Grün *or* Gelb
parts: Fruchtfleisch *and* Schale *and* Stiel *and* Kernhaus
(Strube/Schlieder 1996, S. 808)

Eine besondere Art von Frames sind die von Shank und Abelson entwickelten Skripts (*scripts*, Shank/Abelson 1977). Sie sind auf die Repräsentation von Ereignissen spezialisiert und sollen künstlichen kognitiven Systemen erlauben, Geschichten und Situationen zu verstehen, ohne ihren Speicher mit einer Unmenge an Detailwissen zu überfluten. Ein Skript stellt eine Art standardisierte Situation dar, etwa einen Restaurantbesuch. Für jeden Restaurantbesuch eine Liste aller vorgefallenen Einzelheiten anzulegen, wäre speicherökonomisch ein ungeschicktes Unterfangen. Das Skript enthält dementsprechend nur eine grobe Skizze dessen, worauf es ankommt, es ist, wie Shank und Abelson schreiben, eine »schnelle und schmutzige Heuristik«. Auf der Basis dieses Skripts soll das System dann in der Lage sein, mit den spezifischen Umständen der Situation umzugehen. Wenn Menschen eine Geschichte erzählen, machen sie nur einen Teil der Geschichte explizit. Dennoch wird sie verstanden, weil die Zuhörer den Rest ergänzen. Wer hört, dass Paula ins Restaurant ging, bestellte, aß und ging, wird nicht annehmen, sie sei gegangen, ohne zu bezahlen, sondern dieses Detail aus seinem Wissen über gewöhnliche Restaurantbesuche ergänzen. Dies ist die Aufgabe der Skripts bei künstlichen Systemen. Skripts, betonen Shank und Abelson, müssen aus einer bestimmten Perspektive verfasst sein, von Menschen, denen die betreffende Situation vertraut ist. Hier ein solches Skript für einen Vortrag:

Name: Wissenschaftlicher Vortrag
Inventar: Tische, Stühle, Projektor, Leinwand, Folien, Stifte
Rollen: Vortragender, Zuhörer
Voraussetzungen: Vortragender ist vorbereitet
Ergebnis: Zuhörer haben Neues erfahren
Szene 1: Zuhörer betreten Vortragsraum. Zuhörer suchen Platz und setzen sich. Vortragender betritt Raum. Vortragender geht zum Projektor. Vortragender legt Folien und Stifte bereit. Vortragender schaltet Projektor ein.
Szene 2: Vortragender begrüßt Zuschauer. Vortragender legt Folie auf. Vortragender spricht. (Wiederholung möglich!) Vortragender beendet Vortrag mit Dank.
Szene 3: Zuhörer stellt Frage, gibt Kommentar. Vortragender antwortet. (Wiederholung möglich!) Vortragender verabschiedet sich.
Szene 4: Vortragender verlässt Raum. Zuhörer verlassen Vortragsraum.
(Strube/Habel/Konieczny/Hemforth 2000, S. 44)

Das Skript gibt an, was man als geteiltes Wissen über den Ablauf von Vorträgen voraussetzen kann, wenn man sich dann in einem Bericht auf die außergewöhnlichen Begebenheiten konzentriert: Der Referent kam zu spät, und der Projektor war defekt. Beim Vergleich mit Ergebnissen psychologischer Untersuchungen kamen die Skripts gut weg: Es gilt nicht als unwahrscheinlich, dass dem Verstehen von Geschichten tatsächlich derartige Strukturen zugrunde liegen.

Andere Formate der Wissensrepräsentation bedienen sich der Logik oder sind, wie die großen kognitiven Architekturen ACT und SOAR (siehe den folgenden Abschnitt), auf Wenn-dann-Regeln aufgebaut. Die verschiedenen Repräsentationsformate werden nach deklarativen und prozeduralen Wissensformen unterschieden. Deklaratives Wissen ist Faktenwissen, das Wissen darum, dass etwas der Fall ist. Es ist zumeist explizit, etwa in Form von Regeln, Schemata oder Propositionen, in einem System vorhanden. Prozedurales Wissen ist dagegen das Wissen darüber, wie man etwa das Fahrrad fahren zuwege bringt. In künstlichen Systemen hat es oft die Form von Beweisverfahren oder Suchstrategien. Prozedurales Wissen kann häufig nicht explizit gemacht werden. In der so genannten *Imagery Debate* wird diskutiert, ob sich Bilder zur Repräsentation räumlichen Wissens eignen (Block 1981). Die meisten modernen wissensbasierten Systeme sind hybride Architekturen, das heißt, sie arbeiten mit verschiedenen Repräsentationsformen zugleich.

Verschiedene Arten, einen intelligenten Computer zu bauen

Während die bislang erwähnten Programme unterschiedliche Aspekte intelligenten Verhaltens zu simulieren versuchten, stellen die kognitiven Architekturen den Versuch dar, den gesamten Bereich der menschlichen Kognition zu erfassen. Zugleich stellen sie einen Rahmen für die Realisierung speziellerer Anwendungen zur Verfügung. **Architektur** heißt die Realisierung der elementaren Mechanismen, die kognitiven Prozessen zugrunde liegen, das Aufnehmen und Speichern von Information, ihre Transformation in mentale Repräsentationen, Techniken des Zugriffs, der Auswahl und Verknüpfung und schließlich des Outputs und der motorischen Steuerung. Auf der Basis solcher kognitiven Architekturen können dann speziellere Leistungen wie Problemlösen, Sprechen oder Mustererkennung realisiert werden.

Kognitive Architekturen haben, verglichen mit den Modellen einzelner kognitiver Leistungen, einen höheren Anspruch: Sie sollen die Basis bereitstellen, auf der jede kognitive Leistung modelliert werden kann. Sie wurden mit dem Ziel entwickelt, einheitliche Kognitionstheorien zu ermöglichen, wobei sie von den zu verarbeitenden Inhalten, seien es Bilder, Musik oder Sätze, völlig absehen.

Unter den bislang entwickelten kognitiven Architekturen sind insbesondere SOAR und ACT bekannt geworden. ACT und seine Nachfolgemodelle ACT* und ACT-R stammen von dem Psychologen John Anderson. ACT ist ein Produktionssystem, ein System, das mit Wenn-dann-Regeln arbeitet. Seine Elemente, die so genannten Produktionen, werden selbständig aktiv, wenn ihr Bedingungsteil erfüllt ist: Wenn du eine Schüssel Sahne und einen Schneebesen siehst, schlage die Sahne! Produktionssysteme gehen auf die Wenn-dann-Architektur des *General Problem Solvers* zurück. Sie vergleichen den Inhalt ihres Arbeitsgedächtnisses mit dem Bedingungsteil der im Langzeitgedächtnis gespeicherten Wenn-dann-Regeln. Ist eine solche Bedingung erfüllt, wird die Regel ausgeführt. Diese Grundform wird in kognitiven Architekturen ausgebaut, so dass diese zum Beispiel Entscheidungen herbeiführen können, wenn die Bedingungen mehrerer Regeln gleichzeitig erfüllt sind. Sie können lernen, indem sie die bis zum Erreichen eines Ziels erfolgreich durchlaufenen Programmschritte als eine neue Produktion speichern. ACT und seine Nachfolger unterscheiden zwischen einem deklarativen Speicher für Faktenwissen und einem prozeduralen für Fertigkeiten. Das deklarative Gedächtnis ist in den aktuellen Formen von ACT als neuronales Netzwerk realisiert, bei dem die Stärke der Aktivierung einzelner Knoten über den Zugriff auf ein Element des Speichers entscheidet (siehe Kapitel 3). ACT geht damit über die klassischen Repräsentationsformen hinaus, es ist ein so genanntes hybrides System.

SOAR dient als Basis für zahlreiche anspruchsvolle Anwendungen. Es ist seit 1983 in Gebrauch, derzeit in Version 8.2, und soll als Basis jeglicher kognitiver Leistung verwendbar sein, von Routineaufgaben bis hin zu rationalem Handeln in offenen komplexen Situationen, ein Ziel, das bislang allerdings noch in weiter Zukunft liegt. SOAR verfügt über einen Langzeitspeicher mit Regelwissen und einen Arbeitsspeicher mit aktuellem Wissen (Objekten und ihren Bewertungen), einen Zielgenerator und einen Lernmechanismus. SOAR löst Probleme nicht durch das Abarbeiten starrer Routinen, sondern indem es die verfügbaren Daten im Lichte der Inhalte seines Arbeits- und Langzeitspeichers bewertet.

SOAR und ACT können als Modelle für eine Vielzahl kognitiver Prozesse gelten, zur Modellierung von Wahrnehmung oder Motorik eignen sie sich jedoch (bislang) nicht (Strube 1996, S. 309). Hier bewährt sich eher die ganz anders geartete, von Rodney Brooks vertretene Subsumtionsarchitektur, die – den Lauf der natürlichen Evolution nachahmend – aus aufeinander gelagerten Schichten besteht, von denen die unteren jeweils ohne die oberen voll funktionsfähig sind (siehe Kapitel 5).

Die Herausforderungen der realen Welt und die Grenzen des Computermodells

> Die Idee, kognitive Prozesse als Datenverarbeitung nach Computerart aufzufassen, hat die Kognitionswissenschaft erst ermöglicht und zahlreiche erfolgreiche Programme und Produkte hervorgebracht. Doch als Modell der menschlichen Kognition hat das Computermodell seine Grenzen. Diese werden deutlich, wenn die künstlichen Systeme statt mit einer künstlich vereinfachten statischen Welt mit den vielen kleinen Unwägbarkeiten des Alltags konfrontiert werden. Der Schritt heraus aus den Labors ließ grundsätzliche Bedenken gegen das klassische Computermodell aufkommen und forcierte die Suche nach Alternativen.

Die gute altmodische Künstliche Intelligenz

Das Computermodell des Geistes steht für die erste, die »klassische« Phase der Kognitionswissenschaft. Seine Stärken liegen in der Modellierung gut formalisierbarer kognitiver Leistungen wie Rechnen oder Schach spielen. Das Interesse der frühen

Kognitionsforscher für diese Vorgänge ist zunächst nachvollziehbar, da sie sich mit ihrem Bemühen, intelligente Leistungen in einem Computer zu realisieren, einer Maschine bedienten, die keine Möglichkeit hat, in der Welt zu agieren. Da blieb nur die Beschränkung auf Dinge, die man »im Kopf« erledigen kann. Die Grenzen des Modells wurden und werden jedoch umso deutlicher, je öfter man Computerprogramme beziehungsweise Roboter, die von ihnen gesteuert werden, aus ihren simulierten Welten entlässt und sie mit den Unwägbarkeiten des täglichen Lebens konfrontiert.

Ein Umstand fiel Kritikern des Computermodells dabei von vornherein ins Auge: Computer erledigen schnell und zuverlässig eben diejenigen intellektuellen Leistungen, die Menschen am schwersten fallen: abstraktes Räsonnieren und präzises Rechnen. Im Gegensatz zu Computern sind Menschen auch alles andere als vollkommene Logiker. In den 60er Jahren erregten die Psychologen Nisbett und Ross Aufsehen mit Versuchen, die zeigten, dass selbst in formaler Logik trainierte Menschen diese in aller Regel in Alltagssituationen nicht anwenden (Nisbett/Ross 1980). Eben weil diese abstrakten Leistungen den Menschen schwer fallen, gilt ihre Beherrschung als Zeichen hoher Intelligenz. Doch bei Computern verhält es sich gerade nicht so wie bei Menschen: Ein Computer, der die abstraktesten Formen des Räsonnierens beherrscht, kann keineswegs auch die scheinbar einfacheren Dinge, wie Schuhe zubinden, den Schirm mitnehmen, wenn es nach Regen aussieht, nach dem Weg fragen, wenn man sich verlaufen hat.

Anders als Schachprogramme oder Expertensysteme sind Menschen nicht auf eine Tätigkeit festgelegt. Sie können nicht nur Schach spielen oder nur Theoreme beweisen oder nur Krankheiten diagnostizieren. Sie können auch Pizza backen und Socken stricken, eine Party geben, sich in einer fremden Stadt zurechtfinden und vieles mehr. Dies bezeichnet man als allgemeine Intelligenz. Auch wenn Psychologen heute verstärkt davon ausgehen, dass sich die menschliche Intelligenz aus Modulen zusammensetzt, ist es allem Anschein nach nicht damit getan, unterschiedlich spezialisierte Systeme einfach zusammenzuschalten. Zudem unterwirft sich der Symbolverarbeitungsansatz einer ganzen Reihe von Beschränkungen: Es geht nur um Problemlösen durch vernünftiges Nachdenken, ein Nachdenken zudem, dass eine Person beziehungsweise ein Computer mit sich allein ausmacht.

Die zentrale Kritik am Computermodell des Geistes lautet daher, dass es als Programm zur Modellierung menschlicher Intelligenz eine Sackgasse ist. Es führt kein Weg vom Schachcomputer Deep Blue zu den typischen Leistungen allgemeiner menschlicher Intelligenz. Als Ansatz der KI-Forschung mag das Computermodell die Entwicklung nützlicher Systeme ermöglichen, als Modell intelligenten Verhaltens taugt es nicht. Heute spricht man daher vom Paradox des Computermodells: Es war dieses Modell, das es überhaupt ermöglichte, mentale Vorgänge wissenschaftlich so präzise zu fassen, dass man feststellen konnte, wie wenig sie den Operationen eines klassischen Computers ähneln. John Haugeland prägte für diesen Ansatz den Namen GOFAI – *Good Old Fashioned Artificial Intelligence* (Haugeland 1987, S. 96f.). Dieser »alten« wird inzwischen eine »neue« KI entgegengesetzt (siehe Kapitel 5).

Die Kritik an der GOFAI nährte sich sowohl aus praktischen Problemen mit den auf ihrer Basis entwickelten Systemen als auch aus prinzipiellen Einwänden. Zu den praktischen Problemen gehören vor allem die geringe Fehlertoleranz und die mangelnde Robustheit der künstlichen Systeme. Während Menschen sich geradezu virtuos anhand von Informationsfragmenten orientieren können, geringe Probleme mit dem Verstehen schlampiger Sprechweisen, dem Lesen teilweise überklebter Buchstaben oder dem Erkennen halbverdeckter Gegenstände haben, goutiert ein Computerprogramm solche Dinge überhaupt nicht. Das fällt nicht weiter auf, solange diese Programme nur mit virtuellen Welten konfrontiert sind, über die sie zum einen vollständiges Wissen besitzen und die sich zum anderen nicht einfach so verändern. Werden sie dagegen zur Robotersteuerung eingesetzt und mit der Interpretation von Daten konfrontiert, die Sensoren über die Welt liefern, stehen sie vor einer ganz neuen Situation: Das Wissen, das ein natürlicher Organismus über seine Welt hat, ist niemals vollständig. Zudem sind Sensordaten immer ein wenig verrauscht und unterscheiden sich damit gravierend von den eindeutigen Daten der virtuellen Welten.

Ein anderes Problem ist die Konfrontation mit neuen Situationen. Auch die relativ flexiblen skript- und rahmenbasierten Systeme sind nicht davor gefeit, sich entweder in unpassende Vorgaben zu verrennen oder, bei neuen Situationen, einfach nichts Passendes zu finden. Ein drittes Problem schließlich ist die so genannte Echtzeit-Performance. Ein intelligenter Organismus muss den Kopf in dem Moment einziehen, wenn der Stein geflogen kommt, nicht erst zehn Minuten später, wenn er mit seiner Datenverarbeitung fertig ist. Es spricht alles dafür, dass die zentralisierte Informationsverarbeitung in klassischen seriellen Computern dafür zu langsam und unflexibel ist.

Neben diesen praktischen Problemen gibt es eine Reihe von prinzipiellen Einwänden gegen den Symbolverarbeitungsansatz: Die wichtigsten sind das Problem der Bedeutung von Symbolen *(symbol grounding problem)*, das Rahmenproblem *(frame problem)* und das Argument der mangelnden biologischen Plausibilität.

Woher weiß ein Roboter, wovon die Rede ist?

Das *Symbol Grounding Problem* handelt davon, wie Symbole Bedeutung bekommen. In einem Computerprogramm sind

Symbole syntaktisch definiert, über die Kausalrelationen, in denen sie zu anderen Symbolen stehen, also das, was geschieht, wenn die Symbole aktiviert werden, und über die Art, wie sie verarbeitet werden. Symbole, mit denen Menschen umgehen, stehen hingegen für etwas, sie haben einen Bezug zur Welt. Die syntaktischen Prozesse, die im Computer ablaufen, beziehen sich erst einmal auf gar nichts. Sie sind nur deshalb überhaupt Symbole, weil Menschen sie als solche interpretieren, ihnen eine Bedeutung zuschreiben. John Searle hat dies mit einem berühmten Gedankenexperiment illustriert:

»Nun stellen Sie sich vor, Sie wären in ein Zimmer eingesperrt, in dem mehrere Körbe mit chinesischen Symbolen stehen. Und stellen Sie sich vor, daß Sie (wie ich) kein Wort Chinesisch verstehen, daß Ihnen allerdings ein auf Deutsch abgefaßtes Regelwerk für die Handhabung dieser chinesischen Symbole gegeben worden wäre. Die Regeln geben rein formal – nur mit Rückgriff auf die Syntax und nicht auf die Semantik der Symbole – an, was mit den Symbolen gemacht werden soll. Eine solche Regel mag lauten: ›Nimm ein Kritzel-Kratzel-Zeichen aus Korb 1 und lege es neben ein Schnörkel-Schnarkel-Zeichen aus Korb 2.‹ Nehmen wir nun an, daß irgendwelche anderen chinesischen Symbole in das Zimmer gereicht werden, und daß Ihnen noch zusätzliche Regeln dafür gegeben werden, welche chinesischen Symbole jeweils aus dem Zimmer herauszureichen sind. Die hereingereichten Symbole werden von den Leuten draußen ›Fragen‹ genannt, und die Symbole, die Sie dann aus dem Zimmer herausreichen, ›Antworten‹ – aber dies geschieht ohne Ihr Wissen. Nehmen wir außerdem an, daß die Programme so trefflich und ihre Ausführungen so brav sind, daß ihre Antworten sich schon bald nicht mehr von denen eines chinesischen Muttersprachlers unterscheiden lassen. Da sind Sie nun also in Ihrem Zimmer eingesperrt und stellen ihre chinesischen Symbole zusammen; Ihnen werden chinesische Symbole hereingereicht und daraufhin reichen Sie chinesische Symbole heraus. In so einer Lage, wie ich sie gerade beschrieben habe, könnten Sie einfach dadurch, was Sie mit den formalen Symbolen anstellen, kein bißchen Chinesisch lernen.« (Searle 1986, S. 31)

Der mit den Symbolen hantierende Mensch, so ist Searles Idee, ist in derselben Lage, wie ein Computer. Er hat Symbole und

Anleitungen, diese zu kombinieren aber die Bedeutung dieser Symbole erfährt er nicht. Dass Computer keine Bedeutung kennen, liegt also nicht etwa daran, dass sie aus Siliziumchips statt aus biologischer Materie bestehen, ein Verdacht, der in der Kognitionswissenschaft als »Kohlenstoffchauvinismus« bezeichnet wird. Auch Neuronen sind, wie der Philosoph Jaegwon Kim betont, nicht von Natur aus mit Bedeutungen verheiratet. Searle will seine Kritik auch nicht so verstanden wissen, als sei grundsätzlich keine Maschine in der Lage, eine Sprache zu verstehen. Er bezieht diese Feststellung nur auf eine Maschine, deren Verhalten allein durch die formalen Prozesse der Symbolmanipulation bestimmt ist (Beckermann 1988, S. 66). Was die Maschine seiner Ansicht nach leisten müsste, ist Bewusstein und Intentionalität zu schaffen. Mit dieser These stellt er das Programm der KI, kognitive Prozesse durch eben solche formale Symbolmanipulation zu konstruieren, in Frage.

Stevan Harnad vereinfacht Searles Geschichte zu der Frage: Kann man Chinesisch lernen, wenn man nichts als ein einsprachiges Wörterbuch besitzt? Dies scheint ausgeschlossen: Symbole reihen sich an Symbole, doch nirgendwo wird die Bedeutung eines dieser Symbole fassbar. Ethnologen, die mit einer fremden Sprache konfrontiert sind, für die es kein Wörterbuch gibt, gelingt der Einstieg in die Sprache auf dem Umweg über die Welt. Wenn jemand auf ein Kaninchen zeigt und »Gavagai« sagt, kann man sich zwar nicht unbedingt sicher sein, dass er »Kaninchen« meint und nicht vielleicht »Abendessen«, aber man hat zumindest eine Vermutung, die man weiter verfolgen kann. Wer nur ein einsprachiges Wörterbuch besitzt, kann diesen Weg nicht gehen, er kann den Symbolen keinen Grund in der Welt verschaffen, ihnen keine Bedeutung zuordnen.

Die Diskussion darüber, ob die Geschichte vom chinesischen Zimmer zeigt, was sie zeigen soll, dass nämlich Syntax niemals hinreichend sein kann für Semantik, füllt Bände und kann hier nicht referiert werden. Für das *Symbol Grounding Problem* kommt es darauf an, dass die Bedeutung der Symbole dem System nicht intrinsisch, sondern parasitär ist: Sie kommt aus dem Kopf des Benutzers. Der Computer ist ein geschlossenes System. Er weiß nichts von der Welt. Das einzige, was ihn »interessiert«, sind die Bitmuster in seinem Speicher. Und auch wenn er Sätze äußert, tut er nichts anderes, als Einsen und Nullen zu transformieren, ohne jede Ahnung natürlich, was diese Ziffern für ihre menschlichen Benutzer bedeuten. Und wenn es Menschen so vorkommt, als verstünde der Computer, was man zu ihm sagt, als wisse er, was er antwortet und besitze Intelligenz, dann liegt das daran, dass Menschen sich in dieser Hinsicht leicht täuschen lassen. Die Verbindung der Symbole zu dem, was sie bedeuten, läuft über den Menschen. Dies fällt erst auf, wenn man den Menschen einmal aus dem Spiel lässt, etwa weil sich ein Roboter selbst in der Welt zurechtfinden soll. Die Bedeutung der Symbole muss ihr Fundament dann in der Interaktion des Roboters mit der Welt haben.

Viele Programme der frühen Kognitionswissenschaft haben kein *Symbol Grounding Problem*. Ein Schachprogramm braucht nicht zu wissen, dass es Schach spielt. Es genügt völlig, wenn der Benutzer dies weiß. Will man allerdings einen autonomen Akteur bauen, ein System, das sich allein in der Welt zurechtfindet, sieht die Sache anders aus. Es muss wissen, für welche Dinge in der Welt seine Symbole stehen. Ein System, das eine Coladose ergreifen und wegräumen soll, muss sein Symbol für die Coladose mit dem in Verbindung bringen, was seine Sensoren wahrnehmen.

Es gibt unterschiedliche Lösungsversuche für dieses Problem. Der derzeit gängigste besagt, dass man es gar nicht erst aufkommen lassen darf. Weil es aber automatisch aufkommt, wenn man dem System seine Begriffe vorgibt, lautet der Alternativvorschlag, das System müsse seine Begriffe selber bilden (Pfeifer/Scheier 1999, S. 69). Erst wenn ein System eigene Erfahrungen mit den Dingen der Welt macht, so die Hoffnung der

Vertreter dieses Ansatzes, werden seine Begriffe für das System selbst Bedeutung haben und ihm so ermöglichen, sein Verhalten ohne Umweg durch den Kopf des Programmierers zu steuern (siehe Kapitel 5).

Könnte ein System sich selbst Begriffe bilden, wäre auch eine Lösung für das leidige Problem der Kategorisierung gefunden. Schon einfachste Alltagsdinge lassen sich nicht präzise definieren, immer drängt sich die eine oder andere Ausnahme auf. Wie etwa definiert man Vögel so, dass Spatzen, Strauße, Pinguine und Brathähnchen unter die Definition fallen? Wie macht man einem Computer die unterschiedlichen Verwendungen eines so einfachen Verbs wie »trinken« klar? Eine attraktive Lösungsmöglichkeit für dieses Problem wird im nächsten Kapitel vorgestellt.

Woher weiß ein Roboter, was wichtig ist?

Das Rahmenproblem ist ein Roboterproblem, es ist auch unter dem Namen Roboter-Dilemma bekannt (Pylyshyn 1988). Es handelt davon, wie Roboter mit den Veränderungen in der Welt um sie herum klarkommen können. Damit verwandt ist die Frage, wie der Roboter zu der richtigen Menge Wissen über die Welt kommt. Richtig ist die Menge, die es ihm ermöglicht, sich in der Welt zu behaupten, ohne seine Informationsverarbeitungskapazität zu überfordern. Der Mensch verfügt über eine riesige Menge an Weltwissen, an Erfahrungen, die es ihm erst erlauben, erfolgreich mit der Welt zu interagieren. Wie umfassend dieses Weltwissen ist, fällt erst auf, wenn man versucht, ein künstliches System mit dem nötigen Wissen auszustatten.

Die berühmteste Illustration des Rahmenproblems stammt von Daniel Dennett: Ein Roboter, genannt R1, soll seine Batterie aus einem Raum mit einer Zeitbombe retten. Er erkennt die

Batterie auf einem Wagen und zieht den Wagen heraus. Leider lag auch die Bombe auf dem Wagen. Das hatte R1 zwar gesehen, aber er hatte nicht realisiert, welchen Effekt seine Tat haben würde. Sein Nachfolger R1D1 war so konstruiert, dass er die Nebeneffekte seiner Handlung abschätzen konnte. Er hatte soeben ausgerechnet, dass es die Farbe des Raumes nicht verändern würde, wenn er den Wagen aus dem Raum zöge, und wandte sich der Frage zu, ob sich die Räder des Wagens beim Herausziehen öfter drehen würden als der Wagen Räder hat, als die Bombe explodierte. R2D1 sollte die relevanten von den irrelevanten Aspekten einer Handlung unterscheiden können. Seine Konstrukteure sehen ihn beim entscheidenden Test mit Entsetzen untätig vor dem Raum mit der tickenden Zeitbombe sitzen. »›Do something!‹ they yelled at it. ›I am,‹ it retorted. ›I'm busily ignoring some thousands of implications I have determined to be irrelevant. Just as soon as I find an irrelevant implication, I put it on the list of those I must ignore, and ...‹ the bomb went off.« (Dennett 1990, S. 147f.)

Handeln in Echtzeit, wie es der berühmte kleine R2D2 im Film *Starwars* präsentierte, ist außerhalb Hollywoods noch keinem Roboter annähernd überzeugend gelungen. Konsequenzen von Ereignissen, das ist der Kern des Problems, lassen sich nur erschließen, wenn man über die nötigen Hintergrundinformationen verfügt. Da es zu jeder Situation im Prinzip unendlich viele Hintergrundinformationen gibt, muss ein intelligentes System entscheiden können, welche davon wichtig sind und welche nicht. Es gibt bis heute zwar eine Reihe von Ansätzen, mit dem Rahmenproblem fertig zu werden, doch eine allgemein akzeptierte Lösung existiert bisher nicht. Häufig verwendet wird etwa die Strategie »Schlafender Hund« *(sleeping dog)*: Betrachte alles, was sich nicht explizit ändert, als unverändert. Dieses Prinzip führt dazu, dass der Roboter eine ganze Reihe von Hintergrundinformationen nicht mehr daraufhin prüfen muss, ob sie für sein Problem relevant sind: Dinge lösen sich gewöhnlich nicht in Luft auf, sie bleiben stehen, wo sie sind, solange sie nicht bewegt werden und so weiter. Im Fall der Zeitbombe ist dies allerdings eine ungünstige Strategie, denn deren Uhr läuft weiter, ohne dass sich etwas an ihr sichtbar verändert.

Eine dem Rahmenproblem verwandte Kritik formulierte der Philosoph Hubert Dreyfus Anfang der 70er Jahre (Dreyfus 1972). Er führte die Misserfolge bei der Programmierung intelligenter Rechner darauf zurück, dass es unmöglich sei, das Alltagswissen des Menschen explizit zu machen und einem Rechner zur Verfügung zu stellen. Das Alltagswissen, betonte Dreyfus, sei nicht in Form von Sätzen oder Regeln gespeichert, es enthalte vielmehr stets nicht explizierbare Anteile. Jede Regel, die ein Verhalten lenke, müsse mit einer *ceteris paribus*-Klausel ausgestattet werden, einer Klausel, die festlegt, dass alle anderen Umstände gleich bleiben sollen. Diese »nichtformalisierbaren Formen der ›Datenverarbeitung‹« lassen sich nach Dreyfus nur von Wesen bewältigen, die einen Körper haben. Denn es sind seiner Ansicht nach im Wesentlichen eingeübte körperliche Fähigkeiten, keine regelhaften Abstraktionen, die Menschen intelligent handeln lassen. Die Annahme, dass sich alles, was für intelligentes Verhalten wichtig ist, in formale Regeln fassen lässt, ist demnach falsch. Wenn ein Programm wie das Restaurant-Skript von Abelson und Schank zwar einige Fragen korrekt zu beantworten weiß, auf die Frage, ob mit dem Mund oder dem Ohr gegessen werde, jedoch mit »Ich weiß es nicht« antwortet, sei dies ein Zeichen, dass das Programm gar nichts verstanden habe, dass seine richtigen Antworten vielmehr auf einem Trick beruhen, nicht auf Verständnis für die Situation.

Dreyfus stützte sich bei seiner Kritik auf Arbeiten der Philosophen Heidegger und Merleau-Ponty. Damit stieß er bei den Kognitionswissenschaftlern zunächst auf einmütige Ablehnung. Mittlerweile aber ist bei einigen Vertretern der Zunft das Interesse an der phänomenologischen Tradition, für die diese Autoren stehen, erwacht (siehe etwa Clark 1989). Dass eine solche Vermittlung zwischen weltanschaulich ebenso wie begrifflich und methodisch meilenweit auseinander liegenden Schulen möglich ist, ist eines der faszinierendsten Zeugnisse für die Offenheit und Aufnahmefähigkeit der Kognitionswissenschaft.

Was das Gehirn vom Computer unterscheidet

Wenn Kognitionswissenschaftler über das Rahmenproblem oder das Problem der Bedeutung von Symbolen grübeln, können sie sich damit aufmuntern, dass es mit Sicherheit eine Lösung dieser Probleme gibt: Das kognitive System Mensch hat sie schließlich gelöst. Seit dem Beginn der Kognitionswissenschaft bemängeln Kritiker die mangelnde biologische Plausibilität des Symbolverarbeitungsansatzes. Diese Kritik bezieht sich sowohl auf Architektur und Funktionsweise des Computers als auch auf den Ausschnitt menschlicher Kognition, auf den sich die Kognitionswissenschaft in ihrer frühen Phase konzentriert hat.

Zumindest aus der Perspektive der KI-Forschung gesehen ist die Kritik an der mangelnden biologischen Plausibilität des Symbolverarbeitungsansatzes allerdings paradox. Das Ziel der KI-Forscher war ja gerade, Intelligenz in einem künstlichen System zu realisieren, nicht ein möglichst natürliches System nachzubauen:

»Die KI hat sich auf die funktionalistische These der multiplen Realisierbarkeit des Mentalen verpflichtet. Damit es so etwas wie Künstliche Intelligenz geben kann, muss Intelligenz aus ihrer Verstrickung mit kontingenten physischen Eigenschaften menschlicher Intelligenzträger herausgelöst werden können. Mit der Roboterantwort ist der Boden dieses Forschungsprogramms verlassen. Wenn nämlich die Roboterantwort zutreffen soll, wird völlig unklar, welche Merkmale des Menschen wir überhaupt noch als kontingent ansehen können.« (Keil 1998, S. 128)

Die Einsicht, dass man sich bei der Schaffung künstlicher Intelligenz am besten so weit wie möglich an ihrem natürlichen Vorbild orientiert, ist den Problemen des Symbolverarbeitungsansatzes geschuldet, sie entspricht nicht der ursprünglichen Motivation des Unternehmens. Nun geht es in der Kognitionswissenschaft aber nicht nur darum, künstliche Intelligenz zu schaffen, sondern darum, menschliche Intelligenz zu verstehen. Unter diesem Aspekt ist die wechselseitige Inspiration natürlicher und künstlicher Intelligenz erwünscht und notwendig. Problematisch wird sie allerdings, (davon wird später noch die Rede sein), wenn die Modellsysteme soviel Autonomie und eigenständige Entwicklung an den Tag legen, dass sie nicht mehr leichter zu verstehen sind als ihre natürlichen Vorbilder.

Der Computer kann schon deshalb nicht zu angemessenen Simulationen menschlicher Informationsverarbeitung führen, lautet die am häufigsten formulierte Kritik, weil er völlig anders funktioniert als ein biologisches Gehirn. Ein Computer mit einer klassischen von-Neumann-Architektur verfügt wie ein handelsüblicher PC über einen zentralen Prozessor und eine serielle Architektur, das heißt alle Operationen werden der Reihe nach ausgeführt und zwar im Zentralprozessor. Je mehr man über die Funktion des Gehirns herausfand, desto unplausibler erschien die Analogie von Gehirn und Computer. Das Gehirn arbeitet massiv parallel und hat statt eines zentralen Prozessors zahlreiche vernetzte Verarbeitungsregionen. Das Gehirn kennt noch nicht einmal die Unterscheidung von Soft- und Hardware.

Zudem ist der menschliche Intellekt kein Universalwerkzeug, das je nach Bedarf einfach unterschiedliche Informationen aus seinem Gedächtnis abruft, sondern aus vielen spezialisierten Einheiten zusammengesetzt. Dies können Forscher anhand von Menschen nachweisen, die Verletzungen des Gehirns erlitten haben. Solche Verletzungen ziehen bisweilen nur ganz spezifische Fähigkeiten dieser Menschen in Mitleidenschaft, so etwa die Fähigkeit, Bewegungen wahrzunehmen, das Kurzzeitgedächtnis, das Erkennen von Gesichtern oder die Fähigkeit, verschiedene Sorten Gemüse zu benennen. Bei Menschen, denen aufgrund einer starken epileptischen Erkrankung der Balken, die Verbindung zwischen den beiden Hirnhälften, durchtrennt wurde, können Forscher die Lokalisation einzelner Fähigkeiten in den jeweiligen Hirnhälften überprüfen. Eine visuelle Information etwa, die nur in der rechten Gehirnhälfte verarbeitet wird, steht dem Sprachzentrum in der linken Hälfte nicht zur Verfügung. Eine Person, die auf diese visuelle Information reagiert, kann sich sprachlich nicht auf dieselbe beziehen, um ihr Tun zu erklären, sie wird eine andere passende Erklärung »erfinden«. Und während ein Computer zusammenbricht, wenn nur ein Teilsystem ausfällt, zeigen Menschen das Phänomen der sogenannten *graceful degradation*: Auch wenn Teilsysteme ausfallen, können die verbleibenden Systeme weiter funktionieren.

Auch die Handlungsplanung erledigen Menschen auf ihre eigene Weise. Menschen haben kein vollständiges Modell der Welt im Kopf. Gibt man einem Computer oder Roboter ein Weltmodell mit auf den Weg, muss dieses ganz exakt mit der Welt, wie sie ist, übereinstimmen. Oft genügen schon leicht veränderte Lichtverhältnisse, um ein solches System in seiner Orientierung zu stören. Menschen gehen, nach allem, was man weiß, anders vor. Sie merken sich nur die grobe Struktur ihrer Umwelt, und wenn sie etwas genauer wissen müssen, schauen sie eben noch einmal hin. Wer mit dem Auto von der Ostsee in die Alpen fahren will, kann den Weg mithilfe einer Karte bis ins Kleinste vorplanen. Ist er auf diesen Plan angewiesen, reicht schon eine gesperrte Autobahnausfahrt, um ihn aus dem Konzept zu bringen. Besser, man plant nur in groben Zügen und orientiert sich unterwegs an der Beschilderung. So kann man flexibel auf Veränderungen in der Welt reagieren. Ein Computer oder Roboter hingegen, der nur nach einem ausgearbeiteten

Plan zu agieren vermag, ist orientierungslos, wenn sich die Welt verändert. Von der Welt lernen kann aber wiederum nur, wer auch in der Lage ist, sie wahrzunehmen und seine Programme anhand dieser Wahrnehmung zu aktualisieren.

Schließlich ist es nicht zu übersehen, dass viele Aspekte des intelligenten Wesens Mensch im Computermodell keine Berücksichtigung finden: Er hat einen Körper, hat Gefühle, steht in Kontakt mit der Umwelt und mit anderen Menschen, er kommt als Baby auf die Welt, seine intellektuellen Fähigkeiten durchlaufen eine Entwicklung. Auch wenn immer mal wieder ein Forscher auf die Bedeutung des Körpers für ein intelligentes System hingewiesen hat, beruht das Computermodell auf der Annahme, dass diese Aspekte für die Intelligenzleistungen des Menschen irrelevant sind oder zumindest in der Simulation ungestraft vernachlässigt werden können. Manche Kognitionswissenschaftler meinten, die Zeit sei noch nicht reif, diese Phänomene anzugehen, andere gingen davon aus, dass es sich bei diesen nicht um kognitive Phänomene handele, sie also für die Kognitionswissenschaft gar keine möglichen Gegenstände seien.

Viele Kritiker stießen sich denn auch daran, die Kognitionswissenschaft betrachte den Menschen als eine Art rationaler Problemlösemaschine. Wenn nur das als Kognition gelten könne, was in einem Computer simulierbar sei, so die Kritik, werde der Mensch in einer unzulässigen Weise der Maschine angeglichen, und es interessierten eben nur diejenigen Fähigkeiten, die sich den maschinellen angleichen ließen. Die Kognitionswissenschaft umfasse daher keineswegs die menschliche Intelligenz insgesamt, sondern allenfalls deren rational rekonstruierbaren und simulierbaren Teil. Dass dies im Rahmen des kognitionswissenschaftlichen Paradigmas auch anders geht, zeigt die verhaltensbasierte Kognitionswissenschaft *(embodied cognitive science)*, die in Kapitel 5 beschrieben wird.

Das Computermodell des Geistes war ein Anfang. Trotz aller Kritik wäre es übertrieben, es völlig über Bord zu werfen, denn in den Bereichen, für die es entwickelt wurde, die formalisierbaren Aspekte der Intelligenz, ist es nach wie vor das beste Modell, das die Kognitionswissenschaft hat. Ohnehin ist die menschliche Intelligenz ein so vielfältiges Phänomen und die Kognitionswissenschaft ein so weites Feld, dass sich neue methodische Ansätze in der Regel neben den alten etablieren statt sie zu ersetzen. Dennoch ist aus dem ehemals umfassenden Computermodell ein – für bestimmte Bereiche der Kognition durchaus sinnvolles – Modell unter zahlreichen anderen geworden, ein erster Schritt auf dem Weg zum Verständnis der natürlichen Kognition.

Die Kognitionswissenschaft geht neue Wege: Der Konnektionismus

> Die Kritik am Symbolverarbeitungsansatz führte innerhalb der Kognitionswissenschaft zur Suche nach neuen (Rechen-)Wegen. Einer der wichtigsten ist der Konnektionismus, der Ende der 80er Jahre wieder auflebte und das klassische Computermodell durch ein Modell künstlicher lernfähiger neuronaler Netze ersetzte. Die Theorie der dynamischen Systeme ermöglicht es, die zeitliche Dimension menschlicher Kognition zu erfassen.

Computer mit künstlichen neuronalen Netzen

Die Behavioristen verwiesen seinerzeit darauf, es gebe einfach kein besseres materialistisches, also ausschließlich auf natürliche Vorgänge rekurrierendes Modell, um Verhalten zu erklären als das Reiz-Reaktionsschema. Ebenso argumentierten die Verteidiger des Symbolverarbeitungsansatzes lange Zeit, es gebe nicht nur kein besseres, sondern überhaupt kein ähnlich gut ausgearbeitetes Modell, das es erlaube, kognitive Phänomene ernst zu nehmen, ohne Spekulationen über eine unbekannte geistige Substanz zu erliegen (Pylyshyn 1980, S. 113). Mit dem Konnektionismus, auch als *parallel distributed processing*, PDP, bezeichnet, entstand allerdings genau dies: eine Alternative zum klassischen Symbolverarbeitungsansatz.

Der erste Anlauf

Der Ansatz der GOFAI beginnt bei den höchsten intellektuellen Leistungen und versucht diese in künstlichen Systemen zu realisieren. Sie geht also von oben nach unten vor, *top down*. Der Konnektionismus setzt dagegen am anderen Ende an, seine aus einfachen Einheiten zusammengesetzten Systeme müssen ihre endgültige Struktur selbst erarbeiten. Der Konnektionismus arbeitet von unten nach oben, *bottom up*. Seine einfachsten Einheiten sind so genannte formale Neuronen. Ein formales Neuron ist ein vereinfachtes mathematisches Modell der Aktivität eines natürlichen Neurons, eine Funktion, die ein Computer berechnet. Die künstlichen Neuronen besitzen in mathematischer Form eine beliebige Menge an Eingängen und einen Ausgang, außerdem einen Schwellenwert, den die Summe der Eingangsaktivierungen überschreiten muss, um das Neuron zu aktivieren. Ist die Summe dieser Eingänge größer oder gleich dem Schwellenwert, gibt das Neuron eine Eins aus, bleibt sie darunter, eine Null. Formale Neuronen sind die Basiseinheit der künstlichen neuronalen Netze. Solche Netze sind mathematische Modelle, Simulationen paralleler Verschaltungen, die die Eigenschaften natürlicher neuronaler Netze vereinfachen. Vereinzelt arbeiten Forscher an Hardware-Realisationen künstlicher neuronaler Netze, wegen der größeren Flexibilität werden sie jedoch meist lediglich simuliert. Neuronale Netze sind in diesem Sinne eine neue Art der Computerprogrammierung. Sie finden unabhängig von der Frage, wie weit sie zur Modellierung menschlicher Intelligenz taugen, vor allem in Systemen zur Mustererkennung, wie etwa bei sprachverarbeitenden Systemen, und bei der Steuerung von Robotern Verwendung.

Der Konnektionismus ist genau genommen so alt wie die Kognitionswissenschaft selbst. Rückschläge, die er Ende der 60er Jahre erfuhr, bewirkten jedoch, dass das Projekt erst 20 Jahre später wieder aufgenommen wurde und in der Folgezeit in der Kognitionswissenschaft eine größere Wirkung entfaltete. In den 40er Jahren entwickelten Warren McCulloch und Walter Pitts den Gedanken, dass sich die Aktivität eines Neurons und seiner Verbindungen zu anderen Neuronen in den Begriffen der Logik darstellen ließ. Neuronen sind untereinander durch Synapsen verbunden. Sie leiten Reize dadurch von einer Zelle zur nächsten, dass sie Neurotransmitter in den synaptischen Spalt zwischen zwei Neuronen ausschütten, die dann von der folgenden Zelle aufgenommen werden. Diese Entladung von Neurotransmittern bezeichnet man als das Feuern der Neuronen. So wie nun Aussagen entweder wahr oder falsch sind, feuern Neuronen oder sie feuern nicht. Ein Neuron kann feuern und seine Aktivität so auf ein anderes übertragen, wie in der Logik eine Aussage eine andere implizieren kann. Wenn aus A und B C folgt, sollte sich dies durch drei Neuronen darstellen lassen, von denen zwei (A und B) ihre Aktivität auf ein drittes (C) übertragen und dieses so dazu bringen, seinerseits zu feuern (Gardner 1988, S. 30). Übertragen auf die Computertechnik lässt sich dies auch als durch elektrische Schaltkreise realisiert vorstellen: Der Strom durchläuft einen Schaltkreis oder eben nicht. Man kann sich, so die Idee der beiden Forscher, die Aktivität der Neuronen vereinfacht als die kleiner Ein- und Ausschalter analog zum binären Code des Computers vorstellen. Diese Gedankengänge zeigten zum einen, dass man sich das Gehirn prinzipiell als eine Maschine vorstellen kann, die nach denselben Regeln funktioniert wie ein Elektronenrechner. Zum anderen bot sich mit dieser Idee eine neue Möglichkeit an, informationsverarbeitende Maschinen zu bauen:

zusammengesetzt aus zahlreichen künstlichen, so genannten formalen Neuronen. Was immer sich eindeutig beschreiben lässt, meinten Pitts und McCulloch, lässt sich durch ein neuronales Netz aus solchen auch als McCulloch-Pitts-Neuronen bezeichneten Einheiten realisieren (McCulloch/Pitts 1943).

Die McCulloch-Pitts-Netze stießen bei den frühen Informatikern auf großes Interesse. Doch sie zeigten beileibe nicht alles, was man aus diesem Ansatz herausholen kann. Zum einen sind die Verbindungen zwischen den künstlichen Neuronen alle gleich stark und unveränderlich. Erst die spätere Generation von neuronalen Netzen, die Perzeptronen, nutzen die Möglichkeit, diese unterschiedlich zu gewichten und die Architektur der neuronalen Netze damit zu vereinfachen. Außerdem können solche Netze nur lernen, indem man ihre Architektur, das heißt die Verknüpfung der künstlichen Neuronen untereinander, von Hand umbaut und dadurch einer gegebenen Aufgabe besser anpasst.

In den 50er Jahren entwickelte der Psychologe Frank Rosenblatt aufbauend auf der Idee des formalen Neurons eine Art lernendes McCulloch-Pitts-Netz. Dabei stützte er sich auf die Arbeiten des Psychologen Donald O. Hebb, der 1949 die nach ihm benannte Hebbsche Lernregel formulierte, die in abgewandelter Form in künstlichen neuronalen Netzen heute häufig Verwendung findet: Die Verbindungen zwischen Neuronen werden demnach durch gleichzeitiges Feuern verstärkt, durch mangelnde gleichzeitige Aktivität abgeschwächt. Damit war die Idee geboren, die Verbindungen zwischen den einzelnen Neuronen zu gewichten. Hebb postulierte diese Lernregel ohne Kenntnis der Lernvorgänge im Gehirn. Inzwischen konnte nachgewiesen werden, dass es im Gehirn tatsächlich zu Hebbschem Lernen kommt.

Rosenblatt nannte sein Netzwerk Perzeptron, weil es zur Erkennung von Mustern fähig war (Rosenblatt 1958). Das Perzeptron setzte sich zusammen aus einer künstlichen Retina, bestehend aus einer Schicht aus Fotozellen, die mit künstlichen Ganglienzellen, bestehend aus einer Schicht aus McCulloch-Pitts-Neuronen, verbunden waren. Die Schwellenwerte dieser Neuronen waren so eingestellt, dass sie beim Vorliegen bestimmter Muster oder Musterausschnitte »feuerten«. Die Ganglienzellen projizieren auf eine Antwortzelle, die wiederum beim Überschreiten eines Schwellenwertes eine Eins ausgibt: »Gesuchtes Muster ist vorhanden«, oder eine Null: »Es ist nicht vorhanden«.

Die Verbindungen zwischen den Neuronen des Perzeptrons sind gewichtet. Das bedeutet, dass nicht jedes feuernde Neuron den gleichen Beitrag zur Erregung oder Hemmung des folgenden Neurons leistet, sondern dieser Beitrag abhängig ist vom Gewicht der Verbindung zwischen den Neuronen. Die Neuronen feuern sozusagen mit unterschiedlich viel Kraft. Wie stark ein Neuron das andere beeinflusst, bekommt man heraus, indem man die Stärke der Aktivierung mit dem Gewicht der Verbindung multipliziert. Positive Werte bezeichnen erregende, negative hemmende Verbindungen. Die Gewichte der Verbindungen stehen nicht ein für allemal fest, sondern sind variabel. Diese Eigenschaft macht das Perzeptron lernfähig. Es startet mit zufällig verteilten Gewichtungen. Gibt es eine Eins aus, obwohl kein Muster vorhanden ist, werden die Gewichtungen zwischen den Neuronen herabgesetzt, und zwar entweder von Hand, indem die Werte der einzelnen Verbindungen geändert werden, oder durch einen Computeralgorithmus. Im umgekehrten Fall, wenn es also eine Null ausgibt, obwohl ein Muster vorliegt, werden die Verbindungsstärken angehoben. Durch diesen Lernvorgang wird das Perzeptron auf Mustererkennung trainiert. Ein Perzeptron hätte, wenn es denn richtig funktioniere, einen großen Vorteil gegenüber den klassischen Programmen: Man kann es trainieren, ohne es explizit programmieren zu müssen. Zudem kommt es der Funktion des Gehirns ein Stück näher als das klassische Computermodell. Die künstlichen Neuronen fungieren als kleine parallel rechnende und vernetzte Prozessoren nach dem Vorbild der Gehirnaktivität.

Leider funktionierte das Perzeptron nicht besonders gut, es versagte schon bei recht einfachen Problemen, und es wurde nie richtig deutlich, welche Klasse von Problemen es erfolgreich bearbeiten konnte. Als 1969 Marvin Minsky und Seymour Papert in Buchlänge die Beschränktheit des Perzeptrons nachwiesen, kehrte die Zunft den neuronalen Netzen vorerst den Rücken. Vorerst, denn Mitte der 80er Jahre begann dann die zweite, erfolgreichere Runde für die künstlichen neuronalen Netze.

Wenn viele gleichzeitig rechnen: Parallelverarbeitung

Der neue und diesmal erfolgreiche Anlauf der **neuronalen Netze** begann mit den beiden 1989 von James McClelland und David Rumelhart herausgegebenen Sammelbänden der PDP-Forschungsgruppe. PDP steht für *parallel distributed processing*, parallele verteilte Verarbeitung, das Organisationsprinzip der neuen neuronalen Netze. Der Ansatz dieser Forscher unterscheidet sich von den Ansätzen der GOFAI zunächst einmal dadurch, dass sie sich für andere Phänomene interessieren. Wenn Computer besser rechnen können als Menschen, wenn sie schneller und präziser sind, dann kann es nicht an diesen Eigenschaften liegen, wenn die Menschen dennoch klüger sind als die Computer. Daher richteten McClelland und Rumelhart ihr Augenmerk auf diejenigen Fähigkeiten, in denen die Menschen die Computer übertreffen: Objekte wahrnehmen, ihre Relationen erkennen, Sprache verstehen, genau die richtigen Informationen aus dem Gedächtnis aktivieren, die Butterdose aus der hintersten Ecke des Kühlschranks holen, ohne das Marmeladenglas umzuwerfen.

Diese Fähigkeiten erfordern, wie so viele Tätigkeiten des Alltags, dass man eine Menge unterschiedlicher Informationen zugleich parat hat. Und diese Informationen stehen nicht unverbunden nebeneinander, sondern sie beeinflussen sich gegenseitig. Ein Beispiel, mit dem der klassische Ansatz seine Probleme hat, ist das Verstehen von Sätzen. Die Bedeutung eines Satzes wie »Ich sah den Grand Canyon auf dem Flug nach New York« erschließt sich nicht über seine Syntax. Dennoch käme so schnell niemand auf den Gedanken, da habe einer den Grand Canyon dabei beobachtet, nach New York zu fliegen. Syntaktische und semantische Informationen müssen zusammenfließen, um einen solchen Satz verständlich zu machen. Jedes Wort trägt dazu bei, die Bedeutung der anderen Wörter deutlich zu machen.

Ein anderes Beispiel dafür, dass das Zusammenspiel von Informationsbruchstücken ein Ganzes zu erkennen erlaubt, ist die Fähigkeit, Dinge auch dann zu erkennen, wenn sie teilweise verdeckt sind. Menschen sind mühelos in der Lage, Worte, in denen einzelne Buchstaben beschädigt sind, dennoch zu entziffern. Dies kann nur gelingen, wenn unser kognitives System die Buchstabenteile gleichzeitig betrachtet und sie im Zusammenhang zu verstehen versucht. Interaktion zwischen den einzelnen Wissensbereichen, so schlossen die Autoren, muss möglich sein, damit ein System sich auch in unscharfen und neuen Situationen zurechtfinden kann: »Intuitiv gesprochen scheinen diese Aufgaben Mechanismen zu erfordern, in denen jeder Aspekt von Information in der Situation auf andere Aspekte einwirken kann, wobei er zugleich andere beeinflusst und selbst beeinflusst wird.« (McClelland/Rumelhart 1989, S. 10, meine Übers.) Der PDP-Ansatz soll die Möglichkeit bieten, Informationen parallel zu nutzen und diese so zu vernetzen, dass sie sich gegenseitig beeinflussen können.

Der Grundgedanke des PDP-Ansatzes besagt, dass Informationsverarbeitung durch die Interaktion einer großen Anzahl einfacher Einheiten vor sich geht, von denen jede erregende oder hemmende Nachrichten an andere Einheiten sendet. Diese

Einheiten können zum Beispiel für die Buchstaben eines Wortes stehen oder für die syntaktische Rolle eines Wortes in einem Satz. Die Verbindungen zwischen ihnen geben grob gesagt an, welche der Einheiten zusammenpassen, welche sich ausschließen. Ein Netzwerk zum Erkennen von Wörtern könnte man sich etwa so vorstellen: Zuunterst gibt es eine Schicht von Detektoren, die sich dem Erfassen von Buchstabenteilen, senkrechten und waagerechten Strichen, Rundungen, Punkten und so weiter widmen. Für jeden Buchstaben gibt es einen solchen Detektor, der aus einer Anzahl von künstlichen Neuronen besteht, die für jeweils eine mögliche Hypothese (zum Beispiel Schrägstrich oder Rundung) zuständig sind. Diese Neuronen aktivieren ihrerseits eine darüber gelagerte Schicht, die für die erkannten Buchstaben steht. In einem funktionsfähigen neuronalen Netz sollten etwa die Detektoren von Querstrichen und senkrechten Strichen, die auf die Präsentation eines T hin aktiviert worden sind, das Neuron, das in der darüber gelagerten Schritt für die Hypothese »T« steht, aktivieren. Die Hypothese »B« sollte von den Detektoren für senkrechte Striche aktiviert werden, davon dass die Detektoren von Rundungen nicht aktiviert wurden, aber gehemmt werden. Auf analoge Weise setzt sich der Prozess auf der nächsthöheren Ebene fort. Die »T«-Detektoren aktivieren diejenigen Wort-Hypothesen, die für Wörter stehen, in denen ein T vorkommt. Sie hemmen diejenigen, in denen keins vorkommt.

Im Netzwerk bildet sich durch die Weiterleitung erregender und hemmender Nachrichten also ein spezifisches Aktivationsmuster: Einige Neuronen werden aktiviert, andere nicht. Dieses Muster gibt sozusagen den Meinungsbildungsprozess des Systems wieder: Es zeigt, welche Hypothesen bemüht wurden, welche von ihnen sich durchgesetzt hat und welche sich ergänzenden oder sich ausschließenden Verbindungen das System zwischen diesen Aspekten kennt: Wenn ein Wort mit ISCH aufhört, kann der bekleckste erste Buchstabe kein E sein. Nur wenn es ein F ist, ergibt sich ein sinnvolles Wort, vom F sollte also ein für die Hypothese FISCH erregender Reiz ausgehen.

Mit derselben Strategie könnte des Gehirn auch das Problem der sensomotorischen Koordination lösen: Mit der Wahrnehmung eines Musters und der Identifikation eines Gegenstandes ist es in den meisten Fällen nicht getan. Oft möchte man mit dem Gesehenen auch etwas anfangen, es aufheben und verspeisen etwa. Dazu muss die Hand an die Stelle bewegt werden, an der die Augen den Gegenstand wahrgenommen haben. Der Theorie der künstlichen neuronalen Netze gemäß ist nun die Umwelt ebenso wie die vom Organismus beabsichtigte Reaktion darauf im Gehirn in Form von multidimensionalen Vektoren repräsentiert. Die Koordination von Wahrnehmen und Bewegen, von Sensorik und Motorik, kann dann durch die Umrechnung sensorischer in motorische Vektoren geschehen (sofern dies überhaupt nötig ist, siehe Kapitel 5, Abschnitt 7). Die Muskeln des Körpers sind über Nervenfasern mit dem Zentralnervensystem und damit mit dem Gehirn des Organismus verbunden. Um die Muskeln zu steuern, sendet das Gehirn ein Muster von Aktivitätsniveaus durch die motorischen Neurone. Bei dem jeweiligen Muskel kommt durch die Ausbreitung dieses Musters im Netzwerk der Befehl zur Kontraktion an (Churchland 1997, S: 107 f.).

Anders als das Perzeptron sind die neuronalen Netze des PDP-Ansatzes mehrschichtig. Sie haben mindestens eine Schicht so genannter versteckter Einheiten *(hidden units)*, die zwischen der Eingabe- und der Ausgabeschicht liegen. Dies erweitert die Datenverarbeitungsmöglichkeiten des Netzes ganz erheblich. Ein Netz, das nur aus einer Input- und einer Outputschicht besteht, versteht zum Beispiel kein ausschließendes »oder«. Ein ausschließendes »oder« ist erfüllt, wenn eine von zwei Möglichkeiten (A oder B) eintrifft, aber nicht beide zugleich. Ein einschließendes »oder« ist auch dann erfüllt, wenn beide Möglichkeiten (A und B) zutreffen. Wenn das Zielneuron nun so eingestellt ist, dass es feuert, wenn nur eins von zwei zuliefernden Neuronen feuert, wird es auch feuern, wenn beide zugleich feuern, da sich ihre Aktivität summiert und den Schwellenwert, den schon ein Neuron allein erreicht, auf jeden Fall überschreitet. Fügt man eine verborgene Einheit zwischen In- und Outputschicht ein, kann diese so eingestellt werden, dass sie dann, wenn beide zugleich feuern, das Zielneuron hemmt (Johnson-Laird 1996, S. 209).

Die Aktivierung eines neuronalen Netzes wird in einem Vektorraum, einem Koordinatensystem, dargestellt, der als Aktivitäts- oder Merkmalsraum bezeichnet wird. Dieser Vektorraum hat so viele Dimensionen wie das zu erkennende Objekt Aspekte hat. Der Vektorraum für Farbensehen etwa hat eine Schwarz-Weiß-Achse, eine Rot-Grün-Achse und eine Gelb-Blau-Achse. In dem durch diese drei Achsen aufgespannten Raum liegen alle möglichen wahrnehmbaren Farben. Der Aktivierungsraum für Geschmack hat eine Achse für den Süß-Rezeptor, eine für den Salzig-Rezeptor und eine für den Sauer-Rezeptor. Alle Geschmacksrichtungen, die der Mensch durch das Zusammenspiel dieser drei Rezeptoren wahrnehmen kann, sind durch einen Vektor, einem Zahlenpaar, das für jede Dimension des Vektorraums einen Wert angibt, in dem durch diese Achsen aufgespannten Raum darstellbar (Churchland 1997, S. 24 ff.).

Man unterscheidet einfache vorwärtsgekoppelte *(feedforward)* Netze und die komplexeren rückgekoppelten *(feedback)* Netze. Bei den Feedforward-Netzen läuft die Erregung der Neuronen immer nur in eine Richtung, von der Eingabeschicht durch die versteckten Schichten zur Ausgabeschicht. Bei Feedback-Netzen läuft die Weitergabe der Erregung auch in die Gegenrichtung, die schon durchlaufenen Schichten erhalten eine Rückmeldung *(feedback)* darüber, was ihre Aktivität bewirkt hat.

Die Fähigkeit zu lernen ist die Stärke der neuronalen Netze.

Zugleich sind sie auf diese Fähigkeit angewiesen, denn man kann sie nicht explizit programmieren, man muss sie lernen lassen.

Dazu dienen die Lernregeln. Ein neuronales Netz kommt nicht nur ohne zentralen Prozessor aus, es benötigt auch keine expliziten Regeln, die bestimmen, wie die Datenverarbeitung zu geschehen hat. Wesentlich ist vielmehr die Verbindung der künstlichen Neuronen untereinander, die das System in einer Trainingsphase durch Veränderung der Gewichtungen dieser Verbindungen selbst erarbeitet. Dies geschieht nach Maßgabe einer Lernregel. Die Lernregel legt fest, wie die Gewichte und Schwellenwerte der Neuronen in einem künstlichen Netzwerk verändert werden müssen, damit sich das Netz einer Aufgabe anpasst.

Man unterscheidet überwachtes und unüberwachtes Lernen. Beim überwachten Lernen gibt ein Lehrersignal das richtige Ergebnis vor, also etwa den Flugzeugtyp, der erkannt werden soll, so dass das Lernen durch Verringern des Abstands zu diesem vorgegebenen Ergebnis erreicht wird. Beim unüberwachten Lernen fehlt die Zielvorgabe. Das System muss selbst eine Klassifizierung für die eingehenden Daten finden.

Überwachtes Lernen kann wie beim Perzeptron durch Veränderung der Gewichtungen von Verbindungen erfolgen. Ein Beispiel für eine Regel für unüberwachtes Lernen ist die oben erwähnte Hebbsche Lernregel.

Überwachtes Lernen geht etwa so vor sich: Zuerst weiß niemand, wie die Verbindungsstärken zwischen den Neuronen einzustellen sind. Man beginnt mit einer zufällig gewählten Einstellung, um zu sehen, wie gut das Netz seine Aufgabe damit erfüllt. Wahrscheinlich erfüllt es sie nicht sehr gut und man muss nachjustieren. Dies kann entweder in mühevoller Kleinarbeit sozusagen von Hand geschehen, was aber nur in kleinen Netzen möglich ist. Oder man überlässt auch diesen Schritt dem Netzwerk, durch so genannte Backpropagation. Dabei wird das gewünschte Ergebnis mit dem tatsächlichen verglichen. Die Differenz zwischen beiden wird benutzt, um die Verbindungsstärken des Netzwerkes zu modifizieren, eine nach der anderen. Immer wieder wird verglichen, ob der neue Output den erwünschten besser oder schlechter trifft. Diese ermüdende Rechnerei erledigt ein gewöhnlicher serieller Rechner: Er präsentiert dem neuronalen Netz die zu erkennenden Bilder, berechnet seine Fehler und optimiert seine Verbindungen, bis ein zufrieden stellendes Ergebnis erreicht worden ist. Dies bezeichnet man als die Trainingsphase.

Ist ein neuronales Netz einmal auf diese Weise eingestellt, werden die Werte gespeichert (»eingefroren«) und man kann es einsetzen, ohne dass es weitere Veränderungen durchlaufen würde. Interessanterweise erkennt ein auf diese Weise trainiertes Netz zur Bilderkennung nicht nur die Bilder wieder, mit denen es trainiert worden ist, sondern auch solche, die davon abweichen. Es erkennt beispielsweise mit großer Sicherheit Personen, die es anhand eines bestimmten Fotos zu erkennen gelernt hat, auch auf anderen Fotos wieder, die dieselben Personen zeigen. Es erkennt Personen sogar dann wieder, wenn ein schwarzer Balken ihre Augenpartie überdeckt, wie es häufig zur Unkenntlichmachung von Personenporträts geschieht.

Dieses komplexere neuronale Netzwerkmodell wirkt wegen seiner im Vergleich zum klassischen Computermodell größeren Nähe zur Struktur des Gehirns attraktiv. *Brain style modelling* war in den 90er Jahren das Gebot der Stunde. Doch man sollte diese Nähe nicht überbewerten. Tatsächlich werden nur wenige Aspekte des komplexen neuronalen Geschehens im Gehirn von künstlichen neuronalen Netzen eingefangen. Das Hauptargument, das für diese Form der Datenverarbeitung spricht, ist immer noch ihre Leistungsfähigkeit.

Die neuronalen Netze entkräften einige der von Kritikern in der Kognitionswissenschaft gegen das Computermodell des Geistes vorgebrachten Argumente: Es ist zum einen tolerant gegenüber Funktionsstörungen. Wenn in einem seriell arbeitenden Rechner, in dem ein Schritt nach dem anderen ausgeführt werden muss, ein Element ausfällt, ist die gesamte Rechenkette unterbrochen. Eine bittere Erfahrung, die Konstrukteure mit den frühen, auf Röhren basierenden Rechnern machen mussten: Ständig war irgendwo eine Röhre ausgefallen, mit dem Effekt, dass das ganze System nicht funktionierte. In einem neuronalen Netz ist dagegen jedes Neuron für sich von relativ geringer Bedeutung. Solange genügend andere funktionsfähig bleiben, macht sich der Ausfall einzelner Zellen nicht weiter bemerkbar.

Zudem kommt ein neuronales Netz mit unscharfer Information zurecht, wie am Beispiel des schlecht leserlichen F im Wort FISCH ausgeführt wurde. Ein anderes für die klassische Programmierung so gut wie unlösbares Problem, die Bildung von Begriffen, löst sich in einem neuronalen Netz sozusagen von allein. Ein System, dass auf explizite Repräsentation angewiesen ist, benötigt irgendwo in seinem Speicher eine eindeutige Definition der Begriffe, mit denen es umgeht. Auf den ersten Blick scheint es ganz einfach, doch der Teufel steckt im Detail: Was ist ein Stuhl? Nun ja, man sitzt drauf. Aber kann man nicht auch auf einem Tisch sitzen? Er hat Beine, mal ein einziges mit Füßen mit Rollen daran, mal drei, mal vier. Was, wenn man nur eine Sitzfläche aus einem Baumstamm sägt? Und was ist mit dem Zahnarztstuhl? Wie man es dreht und wendet, es scheint unmöglich, eine Definition zu finden, zu der einem nicht recht schnell ein Gegenbeispiel einfällt. Bei neuronalen Netzen kann man sich diese Mühe sparen. Man trainiert es an verschiedenen Stühlen und es wird einen Merkmalsraum anlegen, in dessen Mitte sich typische Stühle befinden und an dessen Rändern Zahnarztstühle, Melkschemel und arabische Sitzkissen angeordnet sind.

Die Fähigkeit zum Umgang mit unscharfer Information sichert den neuronalen Netzen eine Vielzahl von Anwendungsmöglichkeiten, von der Identifikation von Personen durch Überwachungskameras, dem Verstehen von Sprache in sprachgesteuerten Systemen, dem Erkennen von Flugzeugtypen, selbst wenn das Flugzeug unter Bäumen verborgen ist, oder dem Finden von Unterwasserminen, deren Sonarechos neuronale Netze, anders als menschliche Ohren, von denen von Felsen zu unterscheiden vermögen.

Berühmte Anwendungen des PDP-Modells sind das von Terry Sejnowsky entwickelte Feedforward-Netzwerk NETTalk, das Texte vorlesen kann, und EMPATH, ein Programm von Cottrell und Metcalfe zur Erkennung emotionaler Ausdrücke von Gesichtern. Letzteres erreichte nach 1000 Trainingsdurchläufen mit jeweils acht Emotionen, die von 20 Personen simuliert wurden, eine Erfolgsrate von 80 Prozent bei den positiv gefärbten Emotionen. Allerdings war das Ergebnis bei den negativ gefärbten Emotionen sehr viel schlechter, wobei auch Menschen anhand dieser Fotos Probleme hatten, die jeweils ausgedrückten Emotionen zu erkennen.

Im Kopf ist kein Lexikon: Subsymbolische Repräsentation

Kognitive Prozesse sind Prozesse der Datenverarbeitung, mentale Repräsentationen sind ihre Daten: Das ist die klassische Grundannahme der Kognitionswissenschaft. Dass es sich bei kognitiven Prozessen um Prozesse der Datenverarbeitung handelt, bezweifeln auch Konnektionisten nicht. Wie aber steht es mit den Repräsentationen? Gibt es in neuronalen Netzen Repräsentationen? Weil die Antwort auf den ersten Blick »Nein« zu lauten scheint, wurden Rumelhart und McClelland, kaum dass sie ihren Ansatz publiziert hatten, mit dem Vorwurf konfrontiert, sie betrieben Neurologie, nicht Kognitionswissenschaft, denn mit dem Verzicht auf Repräsentationen verzichteten sie zugleich auf ein Standbein der Kognitionswissenschaft.

Doch ganz so einfach ist die Antwort nicht. Je nachdem, wie man die neuronalen Netze ansetzt, ist ihr repräsentationaler Gehalt mehr oder weniger offensichtlich. In den oben genannten Beispielen stehen einzelne Knoten des neuronalen Netzes für einzelne Buchstaben, Buchstabenteile, syntaktische Rollen oder andere definierbare Aspekte der Wirklichkeit. In diesen so genannten lokalen Repräsentationen steht eine Verarbeitungseinheit, ein künstliches Neuron, auch »Knoten« genannt, für ein semantisches Konzept, eine für Menschen bedeutungshaltige Einheit, etwas, womit Menschen etwas anfangen können. Netzwerke mit lokalen Repräsentationen sind relativ einfach zu implementieren und zu verstehen, denn die Struktur der Repräsentation entspricht der Struktur des Wissens, das es enthält (Hinton/McClelland/Rumenhart 1986, S. 77). Anders sieht es mit den im Konnektionismus viel häufiger verwendeten verteilten Repräsentationen aus. Hier steht nicht ein Knoten in einem neuronalen Netz für einen bestimmten Aspekt der Wirklichkeit, einen Buchstaben, ein Wort oder ein Bild. Vielmehr ist die Repräsentation einer solchen bedeutungshaltigen Einheit über viele Knoten des Netzwerkes verteilt. Ein und dieselbe Einheit kann auch an der Repräsentation unterschiedlicher Konzepte in einem Netzwerk beteiligt sein. So kann nur das Aktivierungsmuster des gesamten Netzwerks in einer bestimmten Situation als Repräsentation des erkannten Musters gelten, seine einzelnen Teile sind nicht mehr erkennbar. Ein Netzwerk mit verteilten Repräsentationen, wie im Beispiel des Wortdetektors, kann auf die Präsentation eines schlecht leserlichen Wortes mit der Hypothese FISCH als Output reagieren, doch es ist nicht möglich, einzelne aktive Knoten einzelnen Buchstaben zuzuordnen. Die aktiven Einheiten auf dieser Ebene stehen nicht länger für Konzepte oder Symbole, die für Menschen eine Bedeutung haben, man nennt sie subsymbolische Repräsentationen oder *microfeatures*. Die Verbindungen und die Verbindungsstärken zwischen ihnen stehen für wahrscheinliche und unwahrscheinliche Zusammenhänge zwischen den *microfeatures*. Sie heißen entsprechend *microinferences*.

Übertragen auf die Arbeitsweise des Gehirns kann man diesem Modell zufolge nicht erwarten, die mentalen Repräsentationen auf die Weise strukturiert vorzufinden, wie man es gewohnt ist, wenn man den Duden oder ein Lexikon aufschlägt. Zwar ermöglicht uns die neuronale Aktivität des Gehirns, solche Manuale zusammenzutragen und eine Sprache zu sprechen, deren unendlich viele möglichen Sätze immer aus den gleichen Wörtern zusammengesetzt werden. Doch dies bedeutet nicht, dass unser Geist auf dieselbe Art und Weise organisiert wäre. Dass uns unsere neuronale Aktivität ermöglicht, Logik zu betreiben, bedeutet nicht, dass diese Aktivität nach den Maßgaben unserer Logiklehrbücher organisiert wäre. Für diese Sicht der Dinge spricht etwa, dass Menschen viel besser darin sind, Sinneseindrücke zu unterscheiden als sie in Worte zu fassen. Unsere Sprache, schließt der Philosoph Paul Churchland aus dieser Beobachtung, verwendet völlig andere Codierungsstrategien als unser Nervensystem (Churchland 1997, S. 24).

Außerdem muss man die Sichtweise aufgeben, dass irgendwo im Gehirn ein Muster gespeichert ist, das eindeutig für ein bestimmtes Ding in der Welt steht und das, wenn man sich an dieses Ding erinnert, nur aktiviert werden muss. Das künstliche neuronale Netzwerk liefert die ihm am plausibelsten erscheinende Hypothese darüber, was draußen in der Welt sein könnte. Diese ist nicht perfekt. Es wird immer hemmende Verknüpfungen geben, die einfach überspielt werden, und erregende, die von stärkeren Hemmungen unterdrückt werden. Die plausibelste Hypothese eines Netzwerks ist dasjenige Aktivationsmuster, das möglichst wenige der *microinferences* verletzt. Erinnert man sich an einen Gegenstand, wird nicht genau dieses Muster wiederholt, es wird neu aktiviert, und zwar in einem Netzwerk, das sich inzwischen aufgrund der Integration neuer

Erfahrungen verändert hat – es wird also nie wieder genau dasselbe Muster aktivieren können.

Zum einen ist also nicht recht klar, was in einem konnektionistischen System als Repräsentation zu gelten hat. Zum anderen haben die konnektionistischen Repräsentationen eher den Charakter von Prototypen als von klaren Ja/Nein-Entscheidungen. Von formalen Operationen, die auf syntaktische Strukturen zugreifen, wie es der Symbolverarbeitungsansatz vorsieht, kann in diesem Modell keine Rede mehr sein.

Kritiker des PDP-Ansatzes werfen ihm eine ähnliche Beschränktheit vor wie dem Symbolverarbeitungskonzept. Vielleicht taugt dieser Ansatz für all diejenigen kognitiven Prozesse, bei denen Kategorisierung oder Mustererkennung gefragt ist, aber eben nicht für die abstrakteren Fähigkeiten wie das Rechnen oder das Schach spielen, in denen die Stärke des klassischen Ansatzes liegt. Tatsächlich ist der PDP-Ansatz bislang vor allem dort im Einsatz, wo Mustererkennung gefragt ist und bei der Steuerung von Robotern. Es gibt aber inzwischen auch bemerkenswerte Versuche, sich den höheren kognitiven Funktionen, etwa dem Rechnen, zu nähern. Bemerkenswert sind diese Versuche insofern, als sie eine »menschlichere« Art des Rechnens simulieren: »Sieben mal Sieben ist ungefähr Fünfzig«, beschreibt James Anderson die Versuche, einem neuronalen Netz das Rechnen beizubringen (Anderson 1998). Nicht perfekt, aber auch nicht unplausibel, schließlich versuchen auch Menschen oft das Ergebnis einer Rechenaufgabe erst grob zu überschlagen, bevor sie es genau ausrechnen. Ganz allgemein gilt immerhin, dass es für jede berechenbare Funktion auch ein neuronales Netz gibt, das diese berechnen kann. Die aktuelle Verwendung der neuronalen Netze für Leistungen, die unter dem klassischen Intelligenzbegriff eher gering geschätzt werden, ist demnach kein prinzipieller Einwand gegen den Einsatzbereich der künstlichen neuronalen Netze. Schließlich liefert der konnektionistische Ansatz eine Vorstellung davon, wie neuronale Netze im Prinzip im Laufe der Evolution entstanden sein könnten, was man von der Theorie der Sprache des Geistes nicht behaupten kann.

Nachdem der PDP-Ansatz zuerst mit dem Anspruch vertreten wurde, den Symbolverarbeitungsansatz komplett zu ersetzen, hat sich heute eine Art friedlicher Koexistenz eingestellt. Es ist zumindest nicht ausgeschlossen, dass im Gehirn Platz für beide Arten von Datenverarbeitung ist.

Das Gehirn als dynamisches System

Das klassische Computermodell des Geistes ist vermutlich gar nicht so weit entfernt von dem Bild, das Menschen gewöhnlich von ihrem Intellekt haben: Im Kopf gibt es eine Menge Zeichen für die Dinge draußen in der Welt; mit ihrer Hilfe kann man über die Welt sprechen und nachdenken. Natürlich, es kommt noch einiges hinzu, vor allem unser gesamter Apparat von Wünschen und Motiven und Emotionen, die die intellektuellen Leistungen bisweilen antreiben, bisweilen stören. Doch dieses intuitiv plausible Bild ist allem Anschein nach falsch. Es hat seine Wurzeln in dem kleinen Bereich der menschlichen Kognition, der introspektiv zugänglich ist. Dort verführt uns vor allem die sprachliche Form unserer Gedanken zu einer Theorie wie derjenigen Jerry Fodors über die Existenz einer Sprache des Geistes. Der Konnektionismus entfernt sich bereits einige Schritte von diesem vertrauten Bild: Es gibt im Kopf keine statischen Symbole, es gibt eine Art Prototypen, die Menschen aufgrund ihrer Erfahrungen ausbilden und die ihnen mal besser und mal schlechter die Interpretation ihrer Wahrnehmungen erlauben. Zudem legt der Konnektionismus erste Zweifel an der oft selbstverständlich gemachten Annahme nahe, man könne das Gehirn isoliert als Sitz der Intelligenz betrachten.

Um die Funktion eines neuronalen Netzes zu verstehen, muss man auch seine Verbindungen mit der Welt, also mit den sensorischen und motorischen Systemen des Organismus, betrachten. Der Sitz der Intelligenz ist demnach nicht nur das Gehirn, sondern der Organismus insgesamt.

Der Konnektionismus lässt einen Aspekt allerdings weitgehend unberücksichtigt, der das Bild der Datenverarbeitung im Kopf noch komplizierter macht und es noch weiter von unserem gewöhnlichen Selbstverständnis entfernt: die Zeit. Die Repräsentationen eines – nicht eingefrorenen – neuronalen Netzes sind nicht statisch, sondern passen sich fortwährend neuen Umweltgegebenheiten an. Logikbasierte Begriffsmodelle sind zeitlos. Doch die Begriffe der Menschen verändern sich in Zeitspannen, die von wenigen Zehntelsekunden bis hin zu Monaten, Jahren oder Generationen reichen (Jaeger 1996, S. 163). Dem kann das dynamische Bild der Kognition Rechnung tragen.

Ein Feedback-Netzwerk reagiert nicht nur auf einen Input und kommt dann zu einem stabilen Muster, es verändert sich vielmehr fortwährend, weil es sich durch den selbstgenerierten Input auf Trab hält. Das bedeutet, dass als Ergebnis nicht ein bestimmtes Aktivierungsmuster des Netzes vorliegt, sondern eine Abfolge solcher Muster. Dies hat einige Forscher auf die Idee gebracht, die mathematische Theorie der dynamischen Systeme, zu der auch die berühmte Chaostheorie gehört, zur Beschreibung kognitiver Phänomene heranzuziehen: »Intelligente Systeme – Menschen, Tiere, vielleicht Roboter, vielleicht bestimmte KI-Programme – sind zweifellos dynamisch komplex und selbstorganisierend. Es liegt also nahe, systemtheoretische Methoden in der Kognitionswissenschaft einzusetzen.« (Jaeger 1996, S. 151)

Die Theorie der dynamischen Systeme, auch kurz Systemtheorie genannt, ist ein mathematisches Werkzeug, um solche dynamischen, das heißt sich in der Zeit verändernden Aktivierungsmuster zu beschreiben. Die moderne Systemtheorie geht auf Arbeiten des Mathematikers Norbert Wiener zur Beschreibung linearer und nicht-linearer Systeme zurück. Systemtheoretische Ansätze eigenen sich besonders für die Beschreibung zeitlicher Phänomene, komplexer Systeme und von Phänomenen der Selbstorganisation. Sie finden in der Biologie ebenso Anwendung wie in der Chemie oder der Ökonomie und werden bisweilen mit der Chaostheorie gleichgesetzt. Doch nicht alle dynamischen Systeme sind chaotisch. Diese Bezeichnung ist vielmehr für solche Systeme reserviert, die sehr empfindlich auf Veränderungen in ihren Anfangsbedingungen reagieren. Die Systemtheorie ist nicht an das Modell künstlicher neuronale Netze gebunden, greift auf dieses Modell aber in der Regel als Beschreibung ihres materiellen Substrats zurück (Pasemann 1996, S. 52).

Ein System ist eine Sammlung aus untereinander verbundenen Teilen, die als ein Ganzes wahrgenommen werden, etwa das Sonnensystem. Andere Beispiele sind das Dezimalsystem oder das Nervensystem. Während das Dezimalsystem ein statisches System ist, ein System mathematischer Lehrsätze, die ewige Gültigkeit beanspruchen, handelt es sich beim Nerven- wie beim Sonnensystem um Systeme, die sich im Laufe der Zeit verändern: Es sind dynamische Systeme. Und über dynamische Systeme hat man noch nicht viel herausgefunden, wenn man ihren Zustand zu einem bestimmten Zeitpunkt festgestellt hat. Der Mathematiker Henri Poincaré kam, als er der Frage nachging, ob es sich bei unserem Sonnensystem um ein stabiles System handele, auf die Idee, alle Lösungen der ein dynamisches System beschreibenden Funktion zugleich zu betrachten. Statt für einen einzigen Vektor in einem n-dimensionalen Koordinatensystem interessierte er sich für die Spur, die ein solcher Wert in der Zeit ziehen würde.

Diese Spur wird Trajektorie (auch Lösungskurve oder Orbit) genannt. Die Menge aller Trajektorien eines Systems bildet dessen Phasen- oder Flussdiagramm. Es beschreibt das Verhalten eines Systems zu allen möglichen Anfangsbedingungen. Ein dynamisches System besteht aus einer Reihe von Zuständen und einer Bewegungsgleichung, die angibt, wie sich diese Zustände ändern. Der Raum, den diese Trajektorien durchmessen, wird Phasen- oder Zustandsraum genannt. Punkte in diesem Zustandsraum werden als Vektoren angegeben. Ein Zustandsvektor gibt die numerischen Werte an, die die Systemvariablen zu einem bestimmten Zeitpunkt haben. Die Variablen verändern sich im Laufe der Zeit entweder kontinuierlich oder diskontinuierlich. Nur im ersten Fall bildet die Systemgeschichte eine Spur in der Zeit, eine Trajektorie.

Von zentraler Bedeutung für die Geschichte eines dynamischen Systems sind seine **Attraktoren**. Ein Attraktor ist eine Region im Phasenraum, die Trajektorien anzieht, sie also dazu bringt, sich dem Attraktor zu nähern. Es gibt einfache Punktförmige Attraktoren, Fixpunktattraktoren genannt, die bewirken, dass sich benachbarte Trajektorien diesem Punkt annähern. Ein Beispiel dafür ist eine Kugel, die in einer Schüssel zum Rollen gebracht wird und nach einiger Zeit ruhig am Boden der Schüssel liegen bleibt, ein anderes ist das Pendel einer Uhr, das am tiefsten Punkt seiner Bahn zum Stillstand kommt, wenn es nicht mehr von den Gewichten des Uhrwerks in Schwung gehalten wird.

Systeme, die in einem Fixpunktattraktor starten, verharren in ihrer ursprünglichen Position. Solche Ruhezustände sind stabil, das heißt nach kleineren Störungen stellen sie sich wieder ein. Ein zyklischer Attraktor stellt sich in einem Diagramm wie ein geschlossener Kreis dar. Er steht zum Beispiel für stabile Schwingungen wie die eines Pendels, solange es aufgezogen wird. Die Bedeutung der zyklischen Attraktoren kann, so Herbert Jaeger, gar nicht überschätzt werden:

»Gäbe es nämlich gar keine Attraktoren, so gäbe es, grob gesagt, überhaupt keine stabilen Phänomene in der physikalischen Realität. Gäbe es jedoch nur Fixpunktattraktoren, so würde die Realität in einem gigantischen finalen Ruhezustand ersterben. Erst zyklische Attraktoren eröffnen die Möglichkeit, daß einerseits sich etwas ›tut‹, andererseits aber stabile, wiedererkennbare klassifizierbare Phänomene in die Welt kommen – daß nicht nur alles in ungegliederter Irregularität vergeht.« (Jaeger 1996, S. 155)

Neben den Fixpunktattraktoren und den zyklischen Attraktoren gibt es noch die chaotischen oder seltsamen Attraktoren. Chaotische Attraktoren bilden in Diagrammen ausgesprochen komplizierte Muster, die die Eigenschaft der Selbstähnlichkeit aufweisen, ein Phänomen, das an den so genannten Mandelbrotmännchen bekannt geworden ist: Ein noch so kleiner Ausschnitt aus dem Gesamtmuster hat dieselbe Struktur wie das Muster insgesamt. Das Verhalten von chaotischen Systemen ist nicht vorhersagbar. Starten zwei Trajektorien dicht beieinander, nehmen ihre Bahnen aufgrund winziger Unterschiede in den Startbedingungen schon in kürzester Zeit einen völlig verschiedenen Verlauf. Da man die Unterschiede in den Startbedingungen nicht beliebig genau messen kann, ist dieses Verhalten zwar deterministisch, aber nicht vorhersagbar. Solche Systeme sind Gegenstand der Chaostheorie.

Als Bifurkation bezeichnet man den plötzlichen Übergang eines Systems von einem Attraktor zu einem anderen. Bifurkationen entstehen, wenn sich Parameter eines Systems ändern, etwa wenn man einen rollenden Reifen von der Seite anstößt oder ein Pendel in Schwingung versetzt. Bifurkationen können etwa bewirken, dass sich ein stabiler Attraktor in mehrere stabile oder instabile Attraktoren verzweigt, ein zyklischer Attraktor etwa könnte seine geschlossene Kreisform verlassen und zu einer Spirale werden.

Die Theorie der dynamischen Systeme wird in der Kognitionswissenschaft vor allem zur Modellierung von motorischen Leistungen, insbesondere der Bewegungskontrolle verwendet, außerdem bei Agenten-Umwelt-Systemen und in der Signalverarbeitung, vor allem in der Robotik. Tier-, Mensch- und Roboterkörper werden hier als dynamische Systeme verstanden. Die sprunghaften Fortschritte beim Lernen etwa werden als Bifurkationen beschrieben, Laufbewegungen durch zyklische Attraktoren. Biokybernetiker interessieren sich insbesondere für die Steuerung von Extremitäten mit vielen Freiheitsgraden. Hier hat die Systemtheorie mit dem von Hermann Haken formulierten Prinzip der Versklavung neue Wege eröffnet. Diesem Konzept zufolge dominieren wenige Systemvariablen die restlichen, so dass es ausreicht, diese wenigen zu kennen, um das Verhalten des Systems zu bestimmen.

Aber auch in klassischen Themen der Kognitionswissenschaft wie etwa der Begriffsbildung und dem Lernen findet die Theorie der dynamischen Systeme Verwendung. So kann etwa das Attraktorbecken, die Region um einen Attraktor herum, in dem dieser Trajektorien anzieht, als der unscharfe Rand eines Begriffs verstanden werden, ähnlich wie die Prototypen in konnektionistischen Systemen.

Die Anwendung der Theorie der dynamischen Systeme auf kognitive Phänomene ist neben ihren Vorzügen als analytisches Instrument vor allem deshalb interessant, weil sie eine neue Perspektive auf die menschliche Kognition eröffnet. Sie beschreibt kognitive Phänomene mit denselben mathematischen Werkzeugen, sprich mit der Systemtheorie, wie das Gehirn, den Körper und die Umwelt auch (van Gelder 1995, S. 29). Dies birgt die Möglichkeit, das kognitive System, seinen Körper und seine Umwelt als Teilsysteme eines einzigen dynamischen Gesamtsystems zu betrachten. Damit ist zumindest das mathematische Werkzeug vorhanden, das kognitive System Mensch nicht länger als körperlose Fiktion zu betrachten. Es gibt sogar Philosophen, die darin, dass die Systemtheorie Kognition, Körper und Umwelt in denselben mathematischen Begriffen beschreibt, eine Lösung des Leib-Seele-Problems sehen (Metzinger 1998, S. 347). Denn wenn Leib und Seele als ein System beschrieben werden können, muss man sich um die

Möglichkeit ihrer Interaktion wohl keine großen Sorgen mehr machen.

Auch die leidige Frage, wie Symbole Bedeutung erlangen, wie man von der Syntax zur Semantik kommt, stellt sich im Rahmen des systemtheoretischen Paradigmas nicht. Der Agent, der sich mit seiner kognitiven Ausstattung in seiner Umwelt bewegt, wird durch und durch als physikalisches Wesen beschrieben. Vom Impuls, der weitergeleitet wird, wenn er gegen den Bordstein tritt, bis hin zum »Aua« bewegt sich die Beschreibung auf der physikalischen Ebene: »Kurz, ein situierter Agent ist in systemtheoretischer Sicht nichts anderes als ein komplexes, aber durch und durch physikalisches Messgerät: Gegeben den und den physikalischen Input, liefert es den und den physikalischen Zeigerausschlag (›aua‹).« (Jaeger 1996, S. 166) Symbole tauchen erst auf, wenn ein Beobachter Konzeptualisierungsereignisse im Gehirn einer Person zu klassifizieren und zu benennen versucht.

Aus Gründen der Praktikabilität arbeiten Forscher mit kleinen Ausschnitten des kognitiven Systems Gehirn, mit Modulen oder Subsystemen. Auch in kleinstem Format zeigen diese schon komplexes dynamisches Verhalten und nähren daher die Hoffnung, trotz großer Vereinfachung Auskunft über die basalen Verarbeitungsmechanismen zu geben. Allerdings sind diese Konzepte bislang vor allem theoretische Überlegungen. Dynamische Systeme lassen sich nur modellieren, wenn eine nicht zu große Anzahl wohldefinierter Variablen zur Verfügung steht. Dynamische Systeme stellen also eine starke Vereinfachung der tatsächlich ablaufenden kognitiven Prozesse dar. Die Systemtheorie wird in Physik und Chemie in vielen Fällen erfolgreich verwendet. Doch die Systeme, mit denen diese Wissenschaften zu tun haben, sind, obwohl komplex genug, um Größenordnungen einfacher als das natürliche kognitive System Gehirn. Es könnte also sein, dass die Verwendung dynamischer Systeme bei der Modellierung kognitiver Phänomene an Komplexitätsgrenzen stößt. Nicht, weil informationsverarbeitende Systeme grundsätzlich nicht mit diesen Methoden zu erfassen sind, sondern weil man bislang den Clou noch nicht gefunden hat, gilt: »Der faszinierende Anspruch systemtheoretischer Methoden, komplexe Systeme als Ganze verständlich zu machen, kann de facto für intelligente Systeme nicht erfüllt werden.« (Jaeger 1996, S. 170)

Ist in einem solchen dynamischen Modell Platz für Repräsentationen? Auch dies ist strittig. Während einige Forscher meinen, die Idee der Repräsentation vertrage sich nicht mit diesem Ansatz, sind andere der Ansicht, er handele von einer besonders reichen Art von Repräsentationen. Kandidaten für Repräsentationen sind nicht länger statische Symbole, sondern Ausschnitte aus der Systemgeschichte, die mehr oder weniger stabil sein können. An die Stelle des gewöhnlichen abbildenden Repräsentationskonzepts der Umwelt für die Zwecke der Verhaltenssteuerung tritt die Selbstorganisation des kognitiven Systems inmitten einer Reihe anderer Systeme. Ein solches System macht keine strukturerhaltenden Abbildungen dessen, was es draußen wahrnimmt, es ist völlig damit beschäftigt, seine interne Stabilität aufrechtzuerhalten. Hier schließen manche Kognitionswissenschaftler die erkenntnistheoretische Position des Radikalen Konstruktivismus an: Kognitive Systeme bilden ihre Umwelt nicht ab, sie konstruieren eine eigene, durch die Gegebenheiten des Systems wesentlich mitbestimmte Realität. Gehirne optimieren immer ihren eigenen Zustand. Sie fragen aktiv Informationen ab, statt sie passiv abzubilden. Der Einfluss der äußeren Welt reduziert sich zu einer Störgröße, einem »externen Rauschsignal« (Pasemann 1996, S. 85), das das Gehirn zwingt, seinen angestrebten Zustand ständig neu herzustellen. Das Gütekriterium dieser Form von Datenverarbeitung ist nicht die Wahrheit im Sinne einer Entsprechung äußerer Realität und innerer Abbildung, sondern allein der Erfolg, mit dem es dem System gelingt, sein Verhalten in seiner Umwelt zu organisieren.

Zentral für den systemtheoretischen Zugang ist somit, dass Systeme nicht isoliert betrachtet werden können, sondern dass das Zusammenspiel mit den sie umgebenden und sie beeinflussenden Systemen berücksichtigt werden muss. Systemtheoretische Ansätze betrachten kognitive Systeme daher als in einem Körper, zumindest in einer sensomotorischen Schleife befindlich. Dies bezeichnet man als *embodiment*, Verkörperung. Kognitive Systeme haben nicht nur Körper, sie funktionieren auch in konkreten Umwelten und in konkreten Situationen. Dieser Aspekt wird als *situatedness*, Situiertheit bezeichnet. Zur Umwelt eines kognitiven Systems gehören in der Regel auch andere kognitive Systeme, so dass sich hier ein Ansatz zur Modellierung sozialer Interaktion und ihrer Bedeutung für die individuelle Kognition ergibt.

Der dynamische Zugang betrachtet die Fähigkeit zur Selbstorganisation in Wechselwirkung mit der Umwelt als das zentrale Merkmal eines kognitiven Systems. Kritiker dieses Ansatzes betonen, hiermit werde der Kognitionsbegriff ins Uferlose ausgedehnt und man begebe sich damit der Chancen, höhere kognitive Prozesse zu verstehen. Dennoch ist dieser Ansatz attraktiv, weil er die Perspektive umkehrt: Statt zu fragen, wie Repräsentationen realisiert sein könnten, fragt man, wie sie überhaupt entstehen. Statt zu fragen, wie der Organismus Daten verarbeitet, fragt man, wie er sie generiert. Eine letzte Herausforderung für das kognitionswissenschaftliche Projekt, Intelligenz zu verstehen, indem man sie nachbaut, hat die Theorie der dynamischen Systeme (stärker als der Konnektionismus) noch parat: Dynamische Systeme kann man nicht bauen, wie man ein Fahrrad aus seinen Teilen zusammenschraubt. Man kann ihre Entwicklung anstoßen und sich dann überraschen lassen, was dabei herauskommt.

Intelligenz sitzt nicht im Kopf

> Die verhaltensbasierte Robotik versucht Intelligenz »von unten«, von einfachen Bewegungs- und Orientierungsleistungen ausgehend zu erfassen. Dazu baut sie nach der natürlichen Evolution abgeschauten Prinzipien Roboter, die in der Lage sind, selbständig Aufgaben zu lösen. Die Biologie fungiert dabei als wichtiger Ideenlieferant.

Vom Programm zum Roboter: Ein neuer Ansatz in der Kognitionswissenschaft

Alan Turing hatte zwei Wege gesehen, um die Entwicklung künstlicher Intelligenz voranzutreiben: denjenigen, der bei abstrakten Tätigkeiten wie dem Schachspielen ansetzte, und denjenigen, Maschinen »mit den besten Sinnesorganen auszustatten, die überhaupt für Geld zu haben sind, und sie dann zu lehren, englisch zu verstehen und zu sprechen« (Turing 1967, S. 137). Seit Mitte der 80er Jahre beschreitet die Kognitionswissenschaft nun auch den zweiten Weg. Dieser wird als verhaltensbasierte Künstliche Intelligenz *(behavior based artificial intelligence)*, als verkörperte, situierte oder einfach als neue Künstliche Intelligenz oder als verkörperte Kognitionswissenschaft *(embodied cognitive science)* bezeichnet. Mit dem Begriff »verhaltensbasiert« setzt sie sich explizit von den »wissensbasierten« Systemen des klassischen Ansatzes ab.

Dieser Ansatz geht, ähnlich wie der Konnektionismus, davon aus, dass Intelligenz nicht durch Repräsentationssysteme mit möglichst großer Rechenleistung erreicht werden kann. Sie setzen am anderen Ende der kognitiven Leistungen an, bei der Orientierung im Raum, beim Erkennen der Umwelt, bei der Bewegung der Gliedmaßen. Intelligenz entsteht dieser Ansicht nach nicht aus einer zentralen Recheneinheit, sondern aus dem Zusammenspiel vieler einfacher Strukturen. Das besondere an diesem Ansatz ist, dass er sich nicht mit Simulationen begnügt, sondern auf den Bau von Robotern setzt.

Natürliche intelligente Wesen beschäftigen sich nicht nur mit hochgeistigen Leistungen. Den größten Teil ihrer Zeit verbringen sie mit mehr oder weniger routiniertem Verhalten in mehr oder weniger stabilen Umwelten. Und sie haben einen Körper, dessen Bedürfnisse befriedigt sein wollen. Dies versucht die neue KI zu berücksichtigen. Ihre Systeme erhalten nun ebenfalls einen Körper, das heißt, sie sind Roboter und bewegen sich in mehr oder weniger natürlichen Umwelten – in der Regel in den Räumen und Gängen der Institute ihrer Erfinder. Sie nehmen ihre Umwelt durch Sensoren wahr und orientieren ihr Verhalten an diesen Wahrnehmungen. Dadurch sind sie in der Lage, den in den Büros herumlaufenden Menschen und den an unvorhersehbaren Stellen auftauchenden Bücherstapeln auszuweichen. Sie sind nicht mit einem starren Plan der Welt und einer Liste von Aufgaben ausgestattet, die nacheinander abzuarbeiten wären, sondern sie müssen sich im Hier und Jetzt einer sich moderat verändernden Welt zurechtfinden, müssen selbst entscheiden, wann sie eine Aufgabe erledigen, etwa leere Coladosen aufsammeln, und wann es dringender ist, die eigene

Batterie wieder aufzuladen. Sie sind situiert und verkörpert (*situated* und *embodied*). Anders als die Systeme der GOFAI mit ihrem spezialisiertes Wissen, das eher in die Tiefe als in die Breite geht, verfügen sie über viele Kompetenzen auf niedrigerem Niveau. Dafür interagieren sie, wiederum anders als die GOFAI-Systeme, deren einzige Verbindung zur Welt der Benutzer ist, selbst mit der Welt. Dies, so die Hoffnung der Vertreter des Verkörperungsparadigmas, wird dazu führen, dass sie selbst lernen, welche Aspekte der Welt für sie wichtig sind. Es wird sie dazu bringen, Unterscheidungen zu treffen, die für sie selbst bedeutungsvoll sind, nicht nur für ihre Benutzer.

Dieser neue Ansatz zielt auf das Verhalten, nicht auf das Wissen der künstlichen Systeme. Es wird meist nicht erwartet, dass das System Fragen über seine Tätigkeit beantworten oder angeben kann, wie seine Probleme zu lösen sind. Dabei wird hingenommen, dass auch die Konstrukteure bisweilen nicht im Einzelnen wissen, wie ein solches System ein bestimmtes Problem löst. Wichtiger ist den Forschern, dass das System sich entwickelt, seine Strukturen selbst verbessert.

Dieser Ansatz ist besonders geeignet für Systeme, die autonom bestimmte Aufgaben in sich verändernden oder nicht genau bekannten Umwelten erfüllen sollen. Autonomie bedeutet, vereinfacht gesagt, dass das Verhalten des Systems nicht ferngesteuert sein darf, sondern vom System selbst organisiert werden muss. Dies ist in künstlichen Systemen bislang erst in Ansätzen realisiert. Ein Beispiel für ein teil-autonomes System ist das Marsmobil Sojourner, das die NASA 1997 auf dem roten Planeten landen ließ. Es war klar, dass man es wegen der langen Datenübertragungswege nicht komplett vom Boden aus würde fernsteuern können. Es würde auch niemand hingehen und seine Batterien auswechseln können. Nun hätte man es einfach losfahren lassen können, solange es eben ging, und wenn die Batterien leer gewesen wären oder ein Stein im Weg gelegen hätte, wäre das Experiment beendet gewesen. Doch bei einem so teuren Experiment wäre es natürlich besser, wenn man Sojourner dazu bringen könnte, sich ein wenig intelligenter anzustellen. Das Marsmobil verfügte über eine Reihe von Sensoren, die ihn Hindernisse wahrnehmen, Entfernungen abschätzen und Kollisionen vermeiden ließen. Die Bodenstation entschied, in welche Richtung es fahren sollte. Den konkreten Weg musste es dann aufgrund seiner Sensordaten selber finden.

Vertreter der verhaltensbasierten Robotik haben auch vorgeschlagen, den Turingtest, mit dem festgestellt werden sollte, ob ein System als intelligent gelten kann, durch einen neuen Test zu ersetzen: Statt im Gespräch via Tastatur zu überzeugen, sollten künstliche Systeme auf dem Basketballfeld gegen eine menschliche Mannschaft gewinnen, um als intelligent zu gelten (Pfeifer/Scheier 1999). Tatsächlich hat sich die Zunft auf Fußball statt auf Basketball spezialisiert, den die Roboter aus Fairnessgründen bislang allerdings nur untereinander spielen (www.robocup.org; www.robocup.de; ais.gmd.de/dfg-robocup).

Wie aus einfachen Regeln komplexes Verhalten entsteht

Intelligenz, so das Credo der neuen KI-Forschung, ist nicht irgendwo in einem Organismus lokalisiert, sie ergibt sich vielmehr aus der Interaktion zahlreicher einfacher Einheiten in einer komplexen Umwelt. Intelligenz, so Roboterforscher Rodney Brooks, liegt im Auge des Betrachters. Wir interpretieren Verhalten als intelligent, wenn es für uns kompliziert aussieht. Doch dies sagt erst einmal nichts darüber aus, was in dem Organismus vorgeht, der dieses Verhalten zeigt. Dass es oft nur sehr einfacher Vorgaben bedarf, um ein System dazu zu bringen, allem Anschein nach intelligentes Verhalten zu zeigen, ist eine der wichtigsten Einsichten der neuen KI-Forschung. Je komplexer die Umwelt ist, in der sich ein solches System bewegt, desto intelligenter und schwieriger erscheint uns sein Verhalten.

Das klassische Beispiel für dieses Phänomen ist die »Ameise am Strand«, wie sie Herbert Simon beschrieb: Man beobachte eine Ameise, wie sie ihren umständlichen Weg über einen von Wind und Wasser geformten Strand nimmt. Sie läuft los, weicht mal nach rechts, mal nach links aus, um eine Sandverwehung besser ersteigen zu können, hält kurz, als sie einen Artgenossen trifft, geht weiter. Sie geht nicht geradewegs auf ihr Ziel los, sondern beschreibt einen komplizierten unregelmäßigen Pfad. Sie hat einen ungefähren Sinn dafür, wo ihr Nest zu finden ist, muss ihren Weg jedoch ständig wegen der auftauchenden Hindernisse modifizieren. Betrachtet man den Weg der Ameise als geometrisches Gebilde, ist es komplex und schwer zu beschreiben. »Aber diese Komplexität ist in Wirklichkeit die Komplexität der Strandoberfläche, keine Komplexität in der Ameise. […] Die Ameise, als ein sich verhaltendes System betrachtet, ist sehr einfach. Die scheinbare Komplexität ihres Verhaltens in der Zeit ist zum großen Teil eine Widerspiegelung der Komplexität der Umwelt, in der sie sich bewegt.« (Simon 1969, S. 64, meine Übers.) Die Grundidee der verhaltensbasierten Robotik bekommt man, wenn man »Ameise« in diesem Zitat durch »Mensch« ersetzt.

Valentin Braitenberg hat mit den nach ihm benannten Vehikeln schon in den 60er Jahren zahlreiche Beispiele für komplexes Verhalten aus einfachen Vorgaben geliefert. Die Braitenberg-Vehikel sind zunächst Gedankenexperimente. Erst im Rahmen der verhaltensbasierten Robotik hat man sie nachgebaut und Braitenbergs Thesen bestätigt. Das einfachste Braitenberg-Vehikel verfügt über ein motorgetriebenes Rad und einen mit dem Motor gekoppelten Sensor, der auf etwas Beliebiges reagieren kann, zum Beispiel auf die Temperatur. Je wärmer es ist, desto schneller wird sich das Verhikel bewegen, immer geradeaus. Doch kleine Störungen werden es von seinem Kurs abbringen, umso stärker, je kleiner das Vehikel ist. Auf lange Sicht wird es auf diese Art einen komplizierten Pfad beschreiben.

Wie würde ein solches System auf den Beobachter wirken, angenommen, es würde in einem Tümpel herumschwimmen? »Es ist ruhelos, würde man sagen, und es mag kein warmes Wasser. Aber es ist reichlich dumm, denn es ist nicht in der Lage zu dem angenehm kalten Fleckchen zurückzukehren, über das es in seiner Hektik hinweggeschossen ist. Auf jeden Fall, so würde man sagen, ist es lebendig, denn man hat niemals gesehen, dass sich ein Stück toter Materie so bewegte.« (Braitenberg 1984, S. 5, meine Übers.)

Die komplexeren Braitenberg-Vehikel haben zwei Räder, die von zwei Motoren gesteuert werden, und zwei Sensoren. Je nachdem, wie diese untereinander verknüpft sind, zeigen sie unterschiedliches Verhalten. Ein Vehikel, dessen Sensoren mit den Rädern ihrer jeweiligen Seiten verbunden sind, wird die jeweils wahrgenommene Substanz meiden, denn je mehr davon vorhanden ist, desto schneller werden seine Motoren angetrieben. Befindet es sich auf der rechten Seite der Quelle, wird der linke Motor stärker angetrieben als der rechte, das Vehikel bewegt sich von der Quelle weg. Sind die Sensoren dagegen über Kreuz mit den Rädern gekoppelt, wird das Vehikel auf die Quelle zusteuern: Es wird jeweils der entferntere Motor stärker aktiviert. Man könnte sagen, das erste Vehikel flieht vor der Quelle, das zweite greift sie an: Furcht und Aggression, in den Augen des Betrachters. Braitenberg überschrieb die Kapitel seines Buches denn auch provokativ anthropomorphistisch mit Titeln wie »Furcht und Aggression«, »Liebe« und »Egoismus und Optimismus«.

Oft zeigt ein System auch ein Verhalten, das man aufgrund seiner Ausstattung und Programmierung nicht erwartet hätte.

Solches Verhalten wird häufig als emergent bezeichnet. (In der laxen Verwendung, die sich für diesen Begriff eingebürgert hat und in der »emergent« soviel wie »unerwartet« bedeutet. Im strengen Sinne ist emergentes Verhalten solches, das aus seinen Entstehungsbedingungen nicht erklärt werden *kann*.) Ein Beispiel für solches Verhalten sind die von Holland und Beckers gebauten »Haufensammler«. Dabei handelt es sich nicht um ein Gedankenexperiment, sondern um echte Roboter, die eine Art Schieber besitzen, mit dessen Hilfe sie am Boden verteilte kleine Objekte herumschieben können. Das Programm des Haufensammlers ist sehr einfach, es lässt ihn nur zwei Operationen ausführen: Wenn der Roboter auf ein Hindernis trifft, schlägt er einen anderen Weg ein. Wenn die Kraft, die benötigt wird, um die zufällig gefundenen Objekte vor sich her zu schieben, zu groß wird (z. B. wenn mehr als drei Objekte gefunden sind), lässt er sie liegen und schlägt eine andere Richtung ein.

Was geschieht, wenn man den Haufensammler eine Weile arbeiten lässt? Zunächst bildet er Dreierhaufen, was zu erwarten war. Lässt man ihn jedoch lange genug laufen, bildet er aus den Dreierhaufen einen großen Haufen. Ein Ergebnis, auf das man bei Betrachtung seines Programms allein nicht gekommen wäre. Es kommt zustande, weil der Roboter zum einen größere als Dreierhäufchen bauen kann, wenn er etwa mit einem Zweierpack auf einen Dreierhaufen stößt und dann alle zusammen liegen lässt. Zum anderen kann er Klötze umverteilen, indem er zufällig an den Ausläufern eines Haufens vorbeifährt, ein oder zwei Klötze mitnimmt und diese dann bei einem größeren Haufen wieder ablegt. Der größte Haufen hat bei diesem Vorgang die größten Chancen »zu überleben« (Cruse/Dean/Ritter 1998, S. 39 f.).

Wenn man also allgemeine menschentypische Intelligenz nicht erreichen kann, indem man bei ihren abstraktesten Leistungen ansetzt, bekommt man sie vielleicht, indem man immer komplexere Vehikel nach Braitenbergschem Vorbild baut. Dies ist die Hoffnung der verhaltensbasierten Robotik. Die nötige Architektur dazu entwickelte Rodney Brooks mit der so genannten Subsumtionsarchitektur.

Der Evolution auf der Spur: Die Subsumtionsarchitektur

Die um 1985 von Rodney Brooks entwickelte Subsumtionsarchitektur war der eigentliche Beginn der verhaltensbasierten Robotik. Sie stellt – verglichen mit der bis dahin üblichen funktionalen Aufgliederung eines Roboters in ein Sehsystem, ein motorisches System, ein zentrales Repräsentationssystem und eine zentrale Recheneinheit – ein revolutionäres Verfahren dar. Brooks orientierte sich dabei am Verlauf der biologischen Evolution: Die ersten Zellen traten vor 3,5 Milliarden Jahren auf, Menschen vor 2,5 Millionen Jahren, die Schrift vor 7000 Jahren, und Expertenwissen im modernen Sinne gibt es seit ein paar hundert Jahren. Brooks will das nicht als Entschuldigung für zu langsame Forschritte der Roboterevolution verstanden wissen, sondern als Argument dafür, dass die Probleme der höheren Intelligenz vergleichsweise einfach sein könnten. Worauf es ankommt, so Brooks' Interpretation der Botschaft der Evolution, ist die Fähigkeit, sich in der Umwelt zu bewegen und diese soweit wahrzunehmen, dass man sich in ihr am Leben erhalten und reproduzieren kann.

Brooks warnt davor, Roboter erst einmal für eine künstliche vereinfachte Welt zu konstruieren, um sie dann nach und nach an mehr Komplexität zu gewöhnen. Es könne zu leicht geschehen, dass man bei diesem Ansatz zentrale Aspekte für Verhalten in der realen Welt übersieht und sie nachträglich nicht mehr ergänzen kann. Brooks plädiert deshalb dafür, mit simplen, aber in der realen Welt funktionierenden Systemen zu beginnen und diese Schicht für Schicht komplexer zu gestalten. Er orientiert sich an biologischen Vorbildern und teilt den Roboter in eine Reihe verhaltensgenerierender Einheiten auf: Vermeiden (etwa von Hindernissen), Wandern (in Bewegung bleiben), Erforschen (zum Beispiel Suche nach guten Wegen), Überwachung von Veränderungen der Umwelt, Planen von Aktionen, Erkennen von Objekten. Diese unterschiedlichen Subsysteme arbeiten parallel, das Gesamtsystem ist in Schichten von unten nach oben aufgebaut.

Die Subsumtionsarchitektur lässt sich auf unterschiedliche Weise realisieren. Von den vier mobilen Robotern (Mobots), die in den Gängen, Büros und Laboren des MIT-Roboter-Labors herumfahren, basieren einer auf einem gewöhnlichen seriellen Rechner, den er nicht mit sich trägt, zwei auf Netzwerkarchitekturen und einer arbeitet mit einem Parallelprozessor. Ihre Bauprinzipien sind immer gleich: Erst wenn eine untere Schicht fertig programmiert und getestet ist, wird diese »eingefroren«, also ihre Einstellungen gespeichert, und erst dann wird eine obere aufgesetzt. Dies soll garantieren, dass einfachere Funktionen auch dann noch arbeitsfähig sind, wenn komplexere ausfallen.

Die unterste Ebene lässt den Roboter Hindernisse vermeiden. Das mit einem Sonar ausgestattete Modul prüft jede Sekunde die Umgebung und generiert eine Karte mit den Koordinaten der wahrgenommenen Hindernisse. Diese Karte wird an ein Modul weitergeleitet, das für das Vermeiden von Kollisionen zuständig ist. Befindet sich ein Hindernis in der Bewegungsrichtung des Roboters, sendet es ein HALT-Signal an die Maschine, die den Roboter antreibt. Ein Modul ist für die Rückwärtsbewegung, ein anderes für das Umdrehen zuständig. Dies lässt den Roboter Hindernisse umfahren und vor solchen, die auf ihn zukommen, etwa neugierigen Personen, zurückweichen.

Über dieser elementaren Schicht wird die »Wanderschicht«

angeordnet. Wenn der Roboter gerade nicht mit dem Vermeiden von Hindernissen befasst ist, lässt sie ihn umherwandern. Eine dritte Ebene lässt den Roboter seine Umwelt erkunden. Wenn er sich gerade nicht bewegt, lässt sie ihn nach Zielen Ausschau halten und unterdrückt während dieser Zeit das Wanderverhalten. Ist ein Weg gefunden, wird dieser von einem speziellen Modul an den Hindernisvermeider geschickt, sodass das System zwar das ferne Ziel »im Auge behalten«, zugleich aber, wie die Ameise am Strand, kleine Umwege machen kann.

Jedes Modul einer Kompetenzebene kann auf alle sensorischen Daten zugreifen, Aktivierungsbefehle abgeben und die zwischengelagerte Verarbeitung vollständig durchführen. Die oberen Schichten können die unteren auf zwei Weisen beeinflussen: Sie können ein Signal der unteren Schichten unterdrücken und es durch ein anderes ersetzen oder es unterdrücken, ohne es zu ersetzen. Dieser Prozess wird Subsumtion genannt, was der darauf beruhenden Subsumtionsarchitektur den Namen gab.

Die Subsumtionsarchitektur hat in der verhaltensbasierten Robotik weite Verbreitung und einige Modifikation erfahren, sodass die Bezeichnung heute für alle schichtenförmig organisierten Systeme steht, in denen die Schicht mit der höchsten Prioritätsstufe den Output von tiefer liegenden Schichten unterdrücken kann (Holland/McFarland 2001, S. 34). Interne Repräsentationen spielen in diesem Modell keine große Rolle. Höhere kognitive Fähigkeiten werden mit diesen Modellen bislang nicht erreicht, menschliche Intelligenz wird für ihre Kreaturen nicht in Anspruch genommen. Brooks ist aber der Ansicht, dass die Intelligenz seiner Roboter sich eher auf dem Niveau eines Insekts bewegt als auf dem einer Bakterie (Brooks 1999, S. 92).

Humanoide Roboter

Der Bau humanoider, menschenähnlicher Roboter gilt als die Königsklasse der Robotik. Dies ist nicht nur dem Spieltrieb der Robotiker oder der Sensationslust des Publikums geschuldet, es sprechen auch sachliche Gründe für den Bau menschenähnlicher Roboter. Zum einen, weil es letztlich die menschliche Intelligenz ist, die man zu verstehen versucht. Mark Johnson argumentiert, dass ein großer Teil unserer sprachlichen Ausdrücke körper- und umweltbezogene Metaphern sind. Unsere Begriffe beruhen demnach darauf, dass wir Erfahrungen mit der Welt und unserem Körper machen (Johnson 1987). Wenn dies zutrifft, wird nur ein Roboter mit einem menschenähnlichen Körper auch menschenähnliche Begriffe und Denkweisen entwickeln.

Zum anderen gibt es ganz praktische Gründe für den Bau menschenähnlicher Roboter, vor allem im Bereich der Servicerobotik: Mit etwas, das aussieht wie ein Mensch, geht man um wie mit einem Menschen. Ein humanoider Roboter, dem man seine Wünsche mitteilen kann wie einem menschlichen Butler (Gieß' mir bitte ein Glas Wasser ein und dann wische den Flur!), braucht, anders als ein mit Knöpfen übersäter staubsaugerähnlicher Kasten auf Rädern, keine Gebrauchsanweisung. Zudem sind ihre Körper gut abgestimmt auf eine Umgebung, in der auch der Mensch sich bewegt, und ihre Bewegungsmuster sind für Menschen leicht abzuschätzen. All diese Gründe bewogen den Honda-Konzern dazu, seinem neuesten Roboter ASIMO menschenähnliche Gestalt – er sieht aus wie ein Astronaut im Raumanzug – einen stabilen menschlichen Gang und eine handlichen Größe von 1,20 Metern zu geben.

ASIMO ist eine Hülle, die auf spezifische Programmierung wartet. Nicht so COG, der wohl berühmteste Roboter aus dem Labor von Rodney Brooks. Das COG-Projekt begann im Sommer 1993: Ein humanoider Roboter zur Überprüfung von Theorien über die menschliche Kognition sollte entstehen. COG ist ein lebensgroßer Torso mit Kopf, Armen und dreifingrigen Händen, er besitzt keine Beine, sondern ist mit der Hüfte auf einen Sockel geschraubt. Sein Körper hat 21 Freiheitsgrade, die ihm menschenähnliche Bewegungen ermöglichen. Er hat zwei Augen, die jeweils mit einem Bereich hochauflösender und einem Bereich niedrigauflösender weitwinkliger Sehkraft ausgestattet sind, ähnlich dem Bau des menschlichen Auges. Sie bewegen sich fast so schnell wie die menschlichen Augen, sie schaffen etwa drei Fixierungen pro Sekunde, menschliche Augen leisten etwa fünf. Sein Nervensystem besteht aus einem Netzwerk unterschiedlicher Prozessoren, die auf verschiedenen Hierarchieebenen arbeiten, sein Gehirn besteht aus parallel verschalteten Prozessoren, auf denen eine von Brooks für Parallelverarbeitung entwickelte Form der Programmiersprache LISP läuft. Die unterschiedlichen motorischen Systeme verfügen über eigene Mikrocontroller. COGs Arme sind mit einer druckempfindlichen künstlichen Haut überzogen, die es ihm ermöglichen soll, selbst darauf zu achten, dass er seine empfindlichen Motoren nicht verletzt.

Genau genommen muss man auch COGs »Familie« in die Darstellung einbeziehen. COG besitzt verschiedene Köpfe, die auf Arbeitsplattformen installiert sind und an denen parallel geforscht werden kann. Einer dieser Köpfe, Kismet, ist auf das Erkennen und Nachahmen von emotionalen Gesichtsausdrücken spezialisiert. Dazu ist er mit Augenbrauen und Augenlidern, beweglichen Ohren und einem Mund mit beweglichen Lippen ausgestattet.

Er kann unterschiedliche Gesichtsausdrücke annehmen, die von Beobachtern als Ausdruck von Ärger, Angst, Ekel, Aufregung, Glück, Interesse, Traurigkeit oder Überraschung verstanden werden. Coco ist der einzige in der Gruppe, der sich im Raum bewegen kann. Er hat die Statur eines Gorillas und dient dazu, die Rolle der Selbstbewegung beim Lernen und beim Sozialverhalten zu untersuchen.

COG hat zwar die Größe eines Erwachsenen, doch die Idee seiner Erbauer ist, ihn wie ein Kind aufwachsen und in sozialer Interaktion lernen zu lassen. Dabei stellt sich natürlich, wie bei der Erforschung der kognitiven Fähigkeiten kleiner Kinder, die Frage, welche seiner Fähigkeiten angeboren, also fest verdrahtet sein sollen, und welche erlernt werden können. Aus der Kleinkindforschung ist bekannt, dass schon Neugeborene in der Lage sind, Gesichter als solche zu erkennen und Gesichtsausdrücke, etwa das Herausstrecken der Zunge oder das Öffnen des Mundes, nachzuahmen. Außerdem wissen schon sehr junge Säuglinge, dass Dinge sich nicht einfach in Luft auflösen oder unmotiviert in der Gegend herumhüpfen. Sie schauen erstaunt, wenn eine Quietschente hinter einem Wandschirm verschwindet, aber zwei wieder hervorkommen. Sie sind irritiert, wenn ein Ball hinter dem ersten Zaunpfahl vorbeirollt und hinter dem zweiten wieder erscheint, ohne dass man ihn in der Lücke zwischen beiden Pfählen hätte vorbeikommen sehen. Kinder verfügen damit über einen Begriff von Objektpermanenz, wie die Entwicklungspsychologen sagen.

An solchen Forschungsergebnissen orientieren sich auch die Konstrukteure von COG. Eins ihrer Ziele ist es, COG eine Theorie des Geistes *(theory of mind)* entwickeln zu lassen. Darunter versteht man die Fähigkeit, andere als mit Plänen, Zielen und Absichten ausgestattete Wesen wahrzunehmen und sich Gedanken darüber zu machen, was in ihrem Kopf vorgehen mag, was sie planen oder warum sie etwas tun. Entwicklungspsychologen haben als ersten Schritt zu dieser Theorie des Geistes die Fähigkeit ausgemacht, dem Blick eines anderen zu folgen.

COG kann Blicken folgen und nach Objekten greifen, nach denen auch ein Mensch gerade greift. Er kann Bewegungen klassifizieren und entscheiden, ob sie von einem Menschen stammen oder nicht. COG hat ein angeborenes System zur Gesichtserkennung, mit dem er das Erkennen seiner »Bezugspersonen« aber selbst trainieren muss. Er kann Gesichter identifizieren und Kopfnicken und -schütteln nachahmen. Kismet ist sogar in der Lage, in der Interaktion selber unterschiedliche Gesichtsausdrücke zu zeigen, die den inneren Zustand des Systems darstellen sollen. Solange seine Parameter im Gleichgewicht sind, zeigt er Interesse, sogar Glück, wenn man sich mit ihm befasst. Befasst man sich nicht ausreichend mit ihm, schaut er traurig. Dies zeigt an, dass man mit dem Roboter spielen muss, so Brooks. Befasst man sich zu lange mit ihm, zeigt er Abscheu oder Angst. Auf diese Weise soll Kismet die Interaktion selbst steuern können, wie ein Baby, das durch seine Gesichtsausdrücke die Mutter dazu bringt, mit einer Aktion fortzufahren oder etwas anders zu machen.

Künstliches Leben

Es gibt noch einen weiteren, radikaleren Ansatz, künstliche Wesen zu generieren. Dieser besteht darin, die künstlichen Wesen nicht nur den Schritten der Evolution folgend zu entwickeln, sondern auch dieses Entwickeln selbst der Evolution zu überlassen. Die Disziplin, die mit diesem Ansatz experimentiert, heißt *Artificial Life*, Künstliches Leben (AL bzw. KL). Es handelt sich um eine junge Disziplin, angesiedelt zwischen Biologie, Physik, Chemie, Informatik und Kognitionswissenschaft, deren Wurzeln wie die der KI bis zur Mitte des 20. Jahrhunderts zurückgehen, die aber erst seit den 90er Jahren verstärkt in Erscheinung tritt.

Die uns bekannten Formen des Lebens haben eine gemeinsame biologische Basis, die Kohlenstoffchemie. Der genetische Code ist universell. Alle uns bekannten natürlichen Wesen unterliegen der Evolution. Dies bezeichnen die AL-Forscher als »Leben, wie es ist«. Was sie interessiert, ist das »Leben, wie es sein könnte«, unabhängig von der Kohlenstoffchemie, betrachtet als ein informationeller Prozess, der in einem Rechner simulierbar ist. KL-Forscher suchen nach den charakteristischen Strukturen und Prozessen des Lebens. Das Wesen des Lebens hängt ihrer Ansicht nach nicht von seiner materiellen Basis ab, sondern von seinen strukturellen Eigenschaften wie Selbstorganisation, Anpassung, Evolution oder Wechselwirkung. Leben ist demnach ein abstraktes Phänomen, das in biologischen Systemen realisiert ist, vielleicht aber auch anders realisiert sein könnte.

KL soll den unnatürlichen Weg korrigieren, den die KI-Forschung eingeschlagen hat, schreibt Christopher Langton, einer der Gründerväter der Disziplin. Anders als Biologen, die Tiere auseinandernehmen, um sie zu erforschen, wollen die KL-Forscher sie zusammensetzen beziehungsweise von evolutionären Programmen zusammensetzen lassen. Was dabei generiert werden soll, sind Systeme, die lebensähnliches (*lifelike*) Verhalten zeigen (Langton 1996, S. 40).

Die KL-Forschung arbeitet mit so genannten evolutionären Algorithmen. Zuerst einmal definiert man ein Ziel, das im evolutionären Prozess erreicht werden soll. Dabei kann es sich sowohl um eine bestimmte Gestalt eines künstlichen Organismus handeln als auch um eine bestimmte Fähigkeit, die dieser Organismus haben soll (zum Beispiel herumzufahren, ohne vom Tisch zu fallen), egal wie und in welcher Gestalt er dies zuwege bringt. Dann benötigt man Ausgangsmaterial, an dem der evolutionäre Prozess ansetzen kann, ein künstliches Wesen, das sich verändern soll, oder auch nur Bauteile, aus denen eine Konstruktion erwachsen soll. Das Ganze spielt sich in Form einer Computersimulation ab, wobei Forscher bisweilen Zwischenergebnisse des künstlichen evolutionären Prozesses (zum Beispiel jede 500. Generation) als realweltliche Maschinen bauen, um zu sehen, ob sie funktionieren. Auf das Ausgangsmaterial wirken nun zufällig generierte künstliche Mutationen ein, das heißt, die Ausgangsmaterialien werden zufällig verändert. Ist dieser Prozess vollzogen, stellt man eine Rangliste auf. Zuoberst stehen diejenigen Wesen, die dem vorgegebenen Ziel am nächsten kommen, zuunterst jene, die am weitesten von ihm entfernt sind. Dann schließt man einen gewissen Prozentsatz der schlechtesten Ergebnisse von der weiteren Evolution aus. Das ist das *survival of the fittest* der Evolutionsbiologen. Dieser Prozess wird so lange wiederholt, bis das erwünschte Ergebnis erreicht ist – in der natürlichen Evolution gibt es ein solches im Voraus festgelegtes Ziel, das zu erreichen wäre, natürlich nicht. Man kann diesen Prozess auch subtiler gestalten, indem man etwa, den Erkenntnissen der Genetik folgend, Individuen »verheiratet« und sie die Hälfte ihrer Eigenschaften tauschen lässt.

Bisweilen führt die künstliche Evolution zu überraschenden und für die praktische Verwendung eher untauglichen Konstruktionsprinzipien, so etwa zur Fortbewegung durch Purzelbaumschlagen. Erfolgreich wird sie dagegen bei der Optimierung der Steuerelemente von Robotern verwendet. Inzwischen gibt es auch eine eigene Disziplin, die sich innerhalb der Robotik mit dem evolutionären Ansatz befasst, die Evolutionäre Robotik (*evolutionary robotics*).

Animaten: Roboter simulieren Tiere

Autonome Roboter, die dazu benutzt werden, das Verhalten von Tieren zu simulieren, werden in der Kognitionswissenschaft bisweilen als Animaten (*animats*, kurz für *artificial animals*) bezeichnet. Dieser Begriff verbreitete sich nach der 1990 in Paris veranstalteten Tagung »Simulation of Adaptive Behavior: from Animals to Animats«. Der ideale Animat wäre ein Roboter, der, wie es Tiere können, in einer komplexen Umwelt überleben würde (Dean 1998, S. 60). Die Nutzung von Animaten in der Kognitionsforschung hat das Interesse an biologischen Vorbildern gestärkt und die Biologie in den Kreis der zur Kognitionswissenschaft beitragenden Disziplinen geholt. Umgekehrt suchen Biologen in Kooperation mit Informatikern nach Modellen für komplexes adaptives Verhalten bei Tieren, etwa der Staatenbildung von Ameisen, oder den Orientierungsleistungen der Tiere (Webb 2000). Es ist sogar schon von künstlicher Verhaltensforschung (*Artificial Ethology*) die Rede (Holland/McFarland 2001). Biologen schätzen wie Kognitionswissenschaftler den Zwang zu klarer Explikation ihrer Vorstellungen und Begriffe, den Computersimulation und Roboterbau mit sich bringen. Und weil man genau weiß, was man einem Roboter einprogrammiert hat und was nicht, lässt sich mit seiner Hilfe vielleicht auch klären, was ein Tier im Kopf haben muss, um ein bestimmtes Verhalten zu zeigen. Wenn ein Roboter nur ein Modul zur Vermeidung von Kollisionen, eines zur Wahrung eines bestimmten Abstands zu einer Wand und eines für das Erkennen von Nahrung braucht, um Futter in einem Labyrinth zu finden, wenn ein Roboter also keine mentale Karte seiner Umgebung benötigt, um sich zu orientieren, dann ist es bei einer Ratte vielleicht nicht viel anders.

Zudem wird diskutiert, inwieweit Tier-Roboter anstelle von Tieren in Versuchen verwendet werden können, die sonst entweder wegen moralischer Bedenken nicht möglich wären oder weil die betreffenden Tiere ausgestorben sind.

Einen noch einmal anderen Weg geht die hybride Biorobotik. Sie generiert natürlich-künstliche Mischwesen. Dazu lässt man Nervenzellen auf Siliziumchips wachsen, oder setzt ganze Tierteile auf Roboter auf. Nervenzellen etwa können in Robotern zur Signalübertragung verwendet werden. Ein anderes Beispiel dafür sind die Versuche, Roboter mit den Antennen einer Motte auszustatten. Die elektrischen Signale der Antennen wurden zu einem Mikrocontroller geleitet. Dann wurden mithilfe eines die Motte anlockenden Geruchsstoffs zwei Programme ausprobiert: eine einfache Braitenbergmaschine (ein

Gerät, das nach dem Vorbild der Braitenberg-Vehikel mit Sensoren, Motoren und Antriebsrädern ausgestattet ist) und ein neuronales Netzwerk. Beide ermöglichen es dem »Biobot«, dem Geruchsstoff zu folgen.

Schließlich liefert die Biologie einen großen Pool von Inspirationen für kognitionswissenschaftliche Probleme. Von besonderem Interesse sind Sensoren und Kontrollsysteme sowie der Aufbau von Tierkörpern. So sind etwa die meisten Sehsysteme von Robotern denen von Insekten nachempfunden. Ein schönes Beispiel für die wechselseitige Befruchtung von Robotik und Verhaltensforschung ist der Sahabot. Bei diesem Roboter handelt es sich um ein Wägelchen, das gebaut wurde, um das Navigationsverhalten der Wüstenameise *Cataglyphis* zu erforschen. Diese lebt in einer an Orientierungspunkten extrem armen Welt, nämlich in der Sahara (daher Sahabot für *Sahara Robot*). Von ihrem Nest aus beschreibt sie auf Nahrungssuche einen komplizierten gewundenen Pfad, um dann in gerader Linie zu ihrem Nest zurückzukehren. Sie orientiert sich mithilfe ihrer Fähigkeit, die Polarisationsrichtung des Sonnenlichts wahrzunehmen, eine Fähigkeit, die dem Menschen verwehrt ist. Nach dem Vorbild der Wüstenameise wurde der Sahabot mit Detektoren für polarisiertes Licht ausgestattet. Damit bewegte sich der Roboter in der Wüste so erfolgreich, dass der »Kompass« der Wüstenameise jetzt auch unabhängig vom kognitionswissenschaftlichen Projekt weiterentwickelt wird (Holland/McFarland 2000, S. 38).

Denken heißt, im Kopf handeln

Kritiker des verhaltensorientierten Paradigmas weisen gern darauf hin, dass es bislang nicht gelungen sei, höhere kognitive Funktionen auf diesem Weg zu erzeugen. Ist die Steuerung eines

Rüssels, der Griff nach der Kaffeetasse oder das rechtzeitige Aufladen der eigenen Batterie nicht doch etwas ganz anderes als Intelligenz? Neuere neurologische Befunde geben darauf eine erstaunliche Antwort: Es könnte sein, so merkwürdig es sich zunächst anhört, dass Denkprozesse nichts anderes sind als Bewegungen, die nicht ausgeführt werden. Sollte sich diese These als richtig erweisen, und danach sieht es derzeit aus, wäre dies eine unerwartete Bestätigung des verhaltensbasierten Paradigmas.

In Lehrbüchern der Neurowissenschaften findet man standardmäßig eine Dreiteilung des menschlichen Kognitionsapparats in ein sensorisches Inputsystem, ein kognitives System und ein motorisches Outputsystem. Demnach nimmt ein Organismus zuerst etwas wahr, dann denkt er darüber nach, entscheidet sich für eine Reaktion und setzt dann sein motorisches System in Bewegung. Tatsächlich deuten neue Erkenntnisse darauf hin, dass diese Dreiteilung nicht aufrechtzuerhalten ist. Gedanken scheinen vielmehr die Form motorischer Protokolle zu haben. Allem Anschein nach verfügen Menschen über ein zumindest teilweise angeborenes Körperschema, eine Art Karte ihre Körpers im Gehirn, die das Gehirn sowohl benutzt, um den eigenen Körper zu steuern, als auch, um die Bewegungen anderer zu erkennen und zu verstehen.

Wenn Menschen sich eine Bewegung vorstellen, sind in ihrem Gehirn dieselben Areale aktiv wie in dem Moment, da sie diese Bewegung tatsächlich ausführen. Im motorischen Kortex des Makaken wie des Menschen fanden sich Neuronen, die nicht nur aktiv sind, wenn man etwas tut – das wäre nicht weiter erstaunlich, denn dafür sind diese Neuronen da. Sie sind aber darüber hinaus auch aktiv, wenn man dieselbe Handlung bei anderen beobachtet. In dieselbe Richtung deutet eine seltene Hirnverletzung, die es den Betroffenen unmöglich macht, Gesten, die vor ihren Augen ausgeführt werden, nicht nachzuahmen.

Der Biokybernetiker Holk Cruse hat, auf diesen Gedanken aufbauend, eine Theorie der Evolution kognitiver Fähigkeiten vorgeschlagen: Ein Organismus, der über ein Körperschema zur Steuerung seiner Gliedmaßen verfügt, muss nur noch die Fähigkeit erwerben, diese Steuerung off-line laufen zu lassen, um kognitive Fähigkeiten zu erwerben (Cruse MS). Er muss kein ganz neues, zusätzliches Modul für das Denken entwickeln – was auf dem Wege der natürlichen Evolution viel Zeit in Anspruch nehmen würde –, es genügt, wenn eine kleine Mutation der vorhandenen Systeme ihm ermöglicht, Handlungen zu planen ohne sie auszuführen. Gedanken, so die sich nahelegende Annahmen, sind daher vielleicht eine Art von Bewegungen, die »off-line« genommen sind, deren Planung im Gehirn zwar abläuft, die aber nicht ausgeführt werden.

Warum man die Welt nicht im Kopf haben muss

Die klassischen wissensbasierten Systeme werden mit einer möglichst perfekten Repräsentation der Welt ausgestattet, auf die sich das System stützen kann, um herauszufinden, wie ein Problem gelöst werden kann. Das System wird zumeist aus Modulen aufgebaut, Wahrnehmung, Sprache, Ausführung, Lerner, Planer etc., die unabhängig voneinander entwickelt werden und über eine Zentraleinheit miteinander in Beziehung stehen. In der Zentraleinheit finden sich die Wünsche, Überzeugungen und Ziele des Systems. Die Subsysteme sind auf möglichst breite Verwendbarkeit angelegt: Sie sind nicht problemspezifisch, sondern sollen mithilfe der im zentralen Speicher abgelegten spezifischen Wissenselemente verschiedene Probleme angehen können.

Solche Architekturen haben sich in Expertensystemen bewährt. Doch in den Aufgabenfeldern, für die sich die verhaltensbasierte Robotik interessiert, sind sie nicht besonders gut. Sie sind langsam, weil es hohe computationale Kosten mit sich bringt, eine Repräsentation der Welt ständig zu aktualisieren und aufrecht zu erhalten. Bei der Identifikation von Objekten kämpfen sie mit Mehrdeutigkeiten, ändert sich die Welt unvorhergesehen, fallen sie oft völlig aus.

Die Roboter des verhaltensbasierten Ansatzes erwiesen sich dagegen in solchen Fällen als ausgesprochen erfolgreich, egal ob mit Beinen oder Rädern ausgestattet, schwimmend oder fliegend. Sie zeigen, dass interne Repräsentationen zumindest für die basalen Fähigkeiten dieser Roboter nicht nötig sind. Brooks prägte dafür den Slogan »The world is its own best model«. Es ist effektiver und stabiler, den Roboter mit Sensoren auszustatten, so dass er sich die Informationen, die er benötigt, selbst aus der Welt besorgen kann, als ihn mit einem Weltmodell auszustatten, das bei der kleinsten Veränderung veraltet ist und seinen Besitzer hilflos herumstehen lässt.

Doch der verhaltensbasierte Ansatz birgt ein Paradox: Je stärker Prinzipien wie Selbstorganisation, verteilte Verarbeitung oder Lernen anstelle logischer Design-Prinzipien verwendet werden, desto undurchsichtiger ist das Ergebnis. Am Ende ist die Funktion der autonomen Roboter nicht leichter zu durchschauen als die der natürlichen kognitiven Systeme. So erreicht man unter Umständen zwar ein Wissen darüber, wie man künstliche intelligente Wesen schafft beziehungsweise wie man den Prozess anstößt, in welchem sie sich selbst generieren, doch wie sie funktionieren, weiß man immer noch nicht: »Vielleicht werden erfolgreiche Animaten anfangs nicht verständlicher sein als biologische Nervensysteme, obwohl sie technisch sicherlich leichter zu analysieren sind.« (Dean 1998, S. 66, meine Übers.) Das Projekt, mithilfe der künstlichen Wesen herauszufinden, wie die natürlichen funktionieren, wäre dann gescheitert oder müsste sich zumindest auf eher allgemeine Aussagen über die verwendeten Mechanismen beschränken.

Ein anderer Punkt ist der, der bislang für alle kognitionswissenschaftlichen Ansätze gilt: Auch die *embodied cognitive science* hat ihre besten Leistungen bislang nur in einem Bereich erbracht, und zwar demjenigen, in dem der klassische Ansatz sich als eher schwach erwiesen hat: bei Problemen der Orientierung und Bewegungssteuerung. Im klassischen Bereich abstrakter Intelligenz ist dagegen bislang das GOFAI-Modell führend. Während Verfechter des verkörperten Ansatzes auf Anfangsprobleme verweisen und betonen, man müsse erst einmal mit dem Einfacheren beginnen, halten Verfechter des klassischen Ansatzes dies eher für das Ergebnis einer grundsätzlichen Beschränkung des verkörperten Ansatzes. Wie diese Konkurrenz ausgehen wird, ist bislang offen. Es ist wahrscheinlicher, dass sich beide Ansätze als Extreme innerhalb eines Kontinuums ansiedeln, als dass einer den anderen gänzlich ersetzen wird.

Herausforderungen für die Kognitionswissenschaft

Kognitive Prozesse, sagen Kognitionswissenschaftler, sind Prozesse der Datenverarbeitung. Wenn es auch nicht sicher ist, ob die Annahme, die Daten dieser Datenverarbeitung seien mentale Repräsentationen, aufrechterhalten werden kann, so wird doch die Annahme der Datenverarbeitung selbst nicht in Zweifel gezogen. Auch hier ist bei der Vielfalt der aktuell diskutierten Modelle allerdings alles andere als eindeutig, was man sich unter dieser Datenverarbeitung vorzustellen hat. Dennoch ist diese Festlegung gewagt. Was, wenn sich herausstellen würde, dass für die menschliche Intelligenz zentrale Aspekte nicht als Prozesse der Datenverarbeitung verstanden werden können? Streng genommen wäre der Ansatz der Kognitionswissenschaft damit gescheitert. Doch so weit ist es bislang nicht gekommen, obwohl zahlreiche Kritiker des Ansatzes das hinsichtlich bestimmter Phänomene prophezeit hatten. Zu diesen Phänomenen gehören das Sozialverhalten, die Emotionen und das Bewusstsein natürlicher kognitiver Systeme. Diese Phänomene als Datenverarbeitungsprozesse zu deuten, stellt für die Kognitionswissenschaft eine echte Herausforderung dar, die sie bislang erst in Ansätzen aufgenommen und gelöst hat.

Sozialverhalten: Wie kooperieren Menschen und Maschinen?

Die Umwelt eines natürlichen oder künstlichen Systems besteht nicht nur aus Futterquellen und Hindernissen. Einer ihrer wichtigsten Bestandteile sind vielmehr andere gleichartige Systeme, Mitmenschen, Artgenossen, andere Roboter. Dies eröffnet einen weiten Raum an Verhaltensmöglichkeiten und -notwendigkeiten. Vor feindlich gesonnenen Individuen muss man sich in Acht nehmen, mit anderen konkurriert man vielleicht um wichtige Ressourcen. Mit wieder anderen kann man kooperieren, um Ziele zu erreichen, die einer allein nicht erreichen kann. Dazu bedarf es einiger Fähigkeiten, die erst in jüngster Zeit ins Visier der Kognitionswissenschaft gelangt sind. Zuerst einmal muss man den anderen erkennen können. Es ist nicht für jede Interaktion nötig, zweifellos aber von großem Vorteil, mit dem anderen auch kommunizieren zu können. Man sollte erkennen können, was der andere gerade vorhat. Man sollte Pläne abstimmen, Streitigkeiten verhandeln und entscheiden können. Man muss in der Lage sein, außer den eigenen Zielen die des Gesamtverbandes im Auge zu behalten.

Zudem ist die Bedeutung sozialer Kontakte für die Entwicklung der menschlichen Intelligenz, angefangen beim Erlernen der Sprache, kaum zu überschätzen. Kognition ist, wo sie natürlicherweise auftritt, immer auch ein soziales Phänomen. Auch der Erwerb von und Umgang mit Wissen ist eine ausgesprochen soziale Veranstaltung. Man lernt von anderen, man forscht mit anderen, man diskutiert Problemlösungen und Handlungsstrategien. Und dies alles nicht oder jedenfalls nicht in erster Linie nach den Maßgaben der Logiklehrbücher, sondern im Rahmen einer Kultur, in der bestimmte Handlungsweisen selbstverständlich und andere undenkbar sind. Schon aus diesem Grunde ist es zweifelhaft, ob ein Programm wie der methodologische Solipsismus, die Idee, dass man mentale Zustände einzelner Individuen ohne Rücksicht auf die Existenz anderer Individuen erforschen kann, der menschlichen Kognition je gerecht werden kann. Obwohl es in der Geschichte der Kognitionswissenschaft immer wieder Forscher gegeben hat, die auf die Bedeutung des Sozialen hingewiesen haben, ist die Erforschung des Sozialverhaltens ein neues, aufstrebendes Gebiet in der Kognitionswissenschaft. Dies gilt sowohl – wie bei COG – auf der Ebene des Interaktion von Individuen als auch auf der Ebene von Gruppeninteraktionen und der Interaktion von Menschen und Maschinen.

Ein Ansatz zur Erforschung kooperativen Verhaltens ist die verteilte Künstliche Intelligenz *(distributed AI)*. »Verteilt« bedeutet, dass die Lösung von Problemen und die Organisation des Verhaltens nicht in einem zentralen Prozessor erfolgen, sondern in über das gesamte System verteilten »Agenten«. Der Grundgedanke dieser Richtung ist, dass viele untereinander verbundene und zusammen arbeitende Computer zu erheblich größeren Leistungen in der Lage sein sollten als ein einzelnes Gerät. Verteilte KI erforscht also Netzwerke solcher Agenten. Sie unterscheiden sich von den Recheneinheiten der künstlichen neuronalen Netze der Konnektionisten dadurch, dass sie über eine gewisse Intelligenz verfügen. Die Knoten der neuronalen Netze hingegen sind einfachste Einheiten, die nicht selbständig zu komplexeren Berechnungen in der Lage sind. Netze aus solchen Agenten nennt man Multiagentensysteme. Sie können, was meistens der Fall ist, aus Softwareagenten bestehen, aber auch aus kooperierenden so genannten sozialen Robotern oder Multirobotern.

Die Multiagentensysteme organisieren ihre Kooperation selbst, sei es durch Planung, Delegation, Wahl oder Verhandlung. Ein verbreitetes Verfahren ist das Kontrakt-Netz-Protokoll, bei dem die Verteilung aufgrund von aktueller Arbeitsbelastung und der Kompetenz der Agenten durch eine Art Bewerbungsverfahren gelöst wird: Es gibt eine Ausschreibung,

Bewerbungen, eine Verhandlung und schließlich die Zuweisung der Arbeiten. Ein anderes Verfahren ist die Tafel *(blackboard)*, auf die alle Zugriff haben und auf der Aufgaben wie Lösungen notiert werden. Außerdem können Informationen einfach von einem Agenten zu einem anderen weitergereicht werden (Burkhard 2000, S. 998).

Man unterscheidet problemorientierte und agentenorientierte Verfahren. Die problemorientierten befassen sich damit, wie eine Aufgabe auf Agenten verteilt werden kann und wie diese Agenten auszusehen haben, damit die Aufgabe gelöst werden kann. Ein Vorteil dieses Verfahrens besteht darin, dass Spezialisten bestimmte Teilaufgaben übernehmen können. Außerdem gibt es Regeln dafür, wie die Lösungen der einzelnen Agenten wieder zu einem Gesamtergebnis zusammengeführt werden können. Der agentenorientierte Ansatz befasst sich damit, welche Probleme gegebene Agenten im Verbund lösen können. Bei Kooperationen gilt es die erhöhten Aufwendungen für Kooperation, Abstimmung, und so weiter gegen die Qualität des Ergebnisses abzuwägen.

Der Lernprozess für Multiagentensysteme ist entsprechend ihrer vielen Ebenen komplex. Innerhalb eines Agenten können ebenso Verbesserungs- und Lernprozesse ablaufen wie zwischen den Agenten. Lernen kann die Optimierung einzelner Fähigkeiten bedeuten, aber auch das Lernen von Fakten über die Umwelt oder die Verbesserung der Entscheidungsstruktur. In KI-Systemen sind Fragen der Kooperation komplex, aber lösbar. Ob sie sich als Modelle auf menschliches Kooperationsverhalten übertragen lassen, ist allerdings trotz des anthropomorphistischen Vokabulars von Bewerbung und Verhandlung fraglich.

Ein anderes Projekt ist die Simulation von Gruppenverhalten. Eine der bestuntersuchten Gesellschaften im Tierreich sind die Ameisen. Ameisen kommunizieren nicht direkt untereinander. Sie scheiden Geruchsstoffe, Pheromone, aus, denen anderen Tiere folgen. Wenn also eine Ameise einem Weg folgt, auf dem noch keine andere Ameise vorausgegangen ist, wählt sie ihre Richtung zufällig. Beim Wandern sondert sie ein Pheromon ab. Sind genug Ameisen auf diesem Weg entlang gegangen, werden die folgenden Ameisen die Pheromone wahrnehmen und ihnen folgen. So kann ein ganzes Volk auf einen Weg gebracht werden, ohne dass man diesen explizit hätte verabreden müssen. Man nennt solche Phänomene Schwarmintelligenz.

Reynolds gelang es 1987, die Schwarmbildung von Vögeln zu simulieren. Er ging davon aus, dass die Bildung von Schwärmen mit einigen einfachen Regeln zu bewerkstelligen sei. Seine simulierten Vögel, Boids genannt, kommen mit drei Anweisungen aus: Vermeide Kollisionen! Fliege so schnell wie deine Nachbarn! Versuche, nahe bei anderen Schwarmgenossen zu bleiben! In der Tat bildete sich bei der Simulation ein Schwarm von Computervögeln, der sich auch nach dem Umfliegen von Hindernissen wieder zusammenfand. Maja Mataric hat Schwarmintelligenz mithilfe einer abgewandelten Form der Subsumtionsarchitektur auch in einer kleinen, 20 Individuen umfassenden Herde von realweltlichen Robotern, der Nerd Herd, verwirklicht. Diese Roboter folgten bei Verhaltensweisen wie gemeinsamem Wandern, Ausschwärmen zur Futtersuche oder Rückkehr zum Nest einfachen Anweisungen wie: »Zum Vermeiden anderer Agenten: Wenn ein anderer Roboter auf der rechten Seite ist, wende dich nach links, sonst wende dich nach rechts.« (Mataric 1993, S.435)

Kube und Bonabeau berichteten kürzlich von einem Versuch, das kooperative Transportverhalten von Ameisen mit einer Gruppe von Robotern zu simulieren. Dabei ging es ebenso um die Erforschung der Organisationsprinzipien von Roboterschwärmen wie um diejenige des Kooperationsverhaltens der Ameisen. Wenn eine Ameise ein Beutestück findet, das so groß ist, dass sie es nicht selbst zum Nest befördern kann, rekrutiert sie durch direkten Kontakt oder chemische Marker einige Artgenossen, die den Transport dann gemeinsam bewerkstelligen. Den Forschern gelang es anhand des Roboterverhaltens – fünf kleine Roboter sollten zusammen eine große Scheibe zu einer Lichtquelle schieben – die These zu belegen, dass auch solch komplexe Formen der Kooperation ohne direkte Kommunikation, zentrale Steuerungseinheit und auch ohne die Spezialisierung von einzelnen Agenten zu bewerkstelligen ist. Statt Informationen untereinander auszutauschen, was in größeren Gruppen stets ein zeitraubendes Unterfangen ist, orientierten sich die einzelnen Agenten an den Veränderungen ihrer Umwelt (Kube/Bonabeau 2000).

Wie sich die Modellierung einzelner Systeme an der Psychologie orientiert, orientiert sich die Sozionik – ein neuer, zwischen Sozialwissenschaften und Informatik angesiedelter Ansatz – an den Gesellschaftswissenschaften, der Soziologie und der Betriebswirtschaft. Das Ziel ist es, die Kenntnis der Struktur sozialer Verbände für die Bildung intelligenter Computertechnologien zu nutzen. Was kann die Technik aus der Gesellschaft lernen (Malsch u.a. 1996, S. 6)? Soziale Systeme, so Malsch, sind besonders robust und fehlertolerant, sie kennen keine natürlichen Umweltgrenzen, verfügen aber über enorme Fähigkeiten zur Selbstbegrenzung, Selbstreparatur und Selbstevolution, Aspekte, die komplexe Computersysteme gut brauchen können. Anders herum können die Gesellschaftswissenschaften, ähnlich wie die Biologie, die Computersimulationen als Testwerkzeuge für ihre Theorien benutzen. Für beide Disziplinen sind insbesondere hybride Gesellschaften aus natürlichen und künstlichen Systemen, Menschen und Robotern, interessant.

Emotionen: Was nützen Gefühle?

Emotionen galten lange Zeit als Widerpart der Vernunft. Psychologische und neurologische Studien haben aber inzwischen deutlich gemacht, dass sie die intellektuellen Prozesse nicht nur modifizieren, sondern für diese essenziell sind. Wer keine Emotionen empfinden kann, entscheidet nicht etwa besonders rational, er entscheidet überhaupt nicht. Wie an Menschen festgestellt wurde, die durch Verletzungen ihres Gehirns die Fähigkeit, Emotionen zu empfinden, eingebüßt haben, mangelt es ihnen häufig an Planungsfähigkeit. Sie sind unzuverlässig und sprunghaft und treffen offensichtlich unsinnige, nicht selten ruinöse Entscheidungen. Oft können sie zwar intellektuell einsehen, dass bestimmte Situationen gefährlich sind, sie fürchten sich aber nicht. Entsprechend bleiben die körperlichen Reaktionen aus, die Menschen zum Beispiel zu rascher Flucht veranlassen. Emotionen gelten heute daher als eine Art Kondensat der Lebenserfahrung, das sich in Form einer oft nicht näher fassbaren Warnung äußern kann (Damasio 1995).

Es gibt neurobiologische Theorien dazu, was Emotionen sind – aber gibt es auch kognitionswissenschaftliche? Emotionen im Computer zu simulieren ist so schwierig nicht, jedenfalls, was Emotionen angeht, die eine klare Bewertung enthalten. Unzweifelhaft beeinflussen Emotionen das Verhalten, sie beeinflussen Wahrnehmung und Entscheidungsfindung, Planung und Bewertung. Wütende Menschen etwa sind weniger flexibel: Sie benötigen länger, um Lösungsstrategien zu erkennen, die nicht unmittelbar auf der Hand liegen. Gestresste Menschen dagegen reagieren in Entscheidungssituationen anders, aber nicht unbedingt schlechter als ihre ruhigen Mitmenschen. Dies zeigt ein einfaches Experiment mit einem Computerspiel, in dem es darum ging, die Feuerwehr so zu dirigieren, dass ein Waldbrand möglichst effektiv bekämpft wird. Diejenigen Spieler, die lauten, unspezifischen Hintergrundgeräuschen ausgesetzt waren, achteten nicht so sehr auf die Einzelheiten, hatten dafür aber einen besseren Überblick über die Gesamtsituation als ihre nicht lärmgeplagten Mitmenschen. Die Ergebnisse beider Probandengruppen waren im Endeffekt vergleichbar (Dörner 1999).

Der Psychologe Masanao Toda beschreibt Emotionen als Entscheidungsroutinen. Wut etwa steigert die Tendenz, dem Auslöser der Wut aggressiv zu begegnen. Je stärker die Emotion, desto schwieriger wird es, die langfristigen Konsequenzen einer Handlung in Betracht zu ziehen. Die Emotion Aggression sorgt somit dafür, dass eine bestimmte Klasse von Handlungen wahrscheinlicher wird, sie betreibt Präselektion, und dies auf eine stereotype Weise, genau wie eine klassische Entscheidungsroutine (Toda 1980, S. 143).

Dörner hat auf ähnlichen Überlegungen aufbauend eine Theorie der Emotionen als Verhaltensmodulatoren entwickelt. Modulatoren steuern das Verhalten und passen es so den Umständen an. Zu den wichtigsten Modulatoren gehören Aktiviertheit, Auflösungsgrad, Kompetenz und Selektionsschwelle. Die Aktiviertheit bezeichnet die Erregungsstärke des Organismus, die Kompetenz die Vertrautheit mit den zu erwartenden Veränderungen in der Umwelt, der Auflösungsgrad die Genauigkeit der inneren Vergleichsprozesse, also wie genau überlegt wird, was am besten zu tun ist. Die Selektionsschwelle definiert, wann eine Handlung in Gang gesetzt wird. Emotionen, so Dörner, kann man in einem künstlichen System durch diese Modulatoren ersetzen.

Wenn sich einem solchen System unerwartet ein Hindernis in den Weg legt, das nicht so leicht zu bewältigen ist, geht es mit der Kompetenz abwärts, die Aktiviertheit dagegen steigt: Das System steht »unter Dampf«, es ärgert sich. Wird das System aggressiv, wird der Auflösungsgrad geringer, es handelt unüberlegter, denn Aggression ist mit hoher Aktivierung, hoher Konzentration und niedriger Auflösung gekoppelt. Ärger geht mit grobem Auflösungsgrad, das heißt ungenauem Hinsehen, hoher Aktivierung und Konzentration einher: Man handelt holzschnittartig und vorschnell. Bei Freude bewirkt die geringe Konzentration die Bereitschaft, sich auf Neues einzulassen, eine Art Spaziergängermentalität. Bei Trauer sind die Aktivation und die Extraversion eines Systems minimal: Der Betroffene sitzt trübsinnig herum. Die Konzentration ist sehr hoch: Man denkt nur an den Gegenstand der Trauer. Alles andere tritt in den Hintergrund (Dörner 1999; Hille 1997).

Dörner hat PSI erfunden, einen nur als Computersimulation existierenden künstlichen Organismus von der Gestalt einer fahrenden Dampfmaschine. PSI lebt in einer Computerwelt, in der er auf sich allein gestellt ist. Es gibt dort bestimmte Plätze, an denen er seinen Energiebedarf decken kann, bestimmte Aktionen, die er ausführen kann, um etwa einen Apfel vom Baum zu holen. Es gibt unterschiedlich gefährliche Areale und die Umwelt verändert sich. PSI dient der Überprüfung von Kognitionstheorien. Zur Überprüfung der Emotionstheorie hat Dörner ihn mit Verhaltensmodulatoren ausgestattet. Sein Verhalten generiert überprüfbare Hypothesen: Sollten Menschen sich, wenn sie die entsprechenden Gefühle haben, verhalten wie PSI es tut, spräche dies dafür, dass mit der Simulation gewisse strukturelle Eigenheiten menschlicher Emotionen umgesetzt worden sind.

Verhaltensmodulatoren sollen Verhalten effektiver machen, indem sie die Dringlichkeit unterschiedlicher Motive klären: Das dringendste Bedürfnis gibt den Ausschlag. So führt etwa ein Absinken der Kompetenz zu verstärktem Explorationsverhalten: Wenn man sich nicht mehr auskennt, muss man sich genauer umschauen. Ist die Kompetenz dauerhaft niedrig, beherrscht die Tendenz zur Flucht das Verhalten. Ist sie hoch, kann man sich Zeit nehmen, sich auf eine Aufgabe zu konzentrieren.

Manchmal gerät ein System durch eine solche Ausstattung in

einen Teufelskreis: Geschieht zu viel Neues, sinkt die Kompetenz, die Notwendigkeit zu Explorationsverhalten steigt. Dies kann aber nicht erfolgreich durchgeführt werden, weil auch die Sicherungsschwelle sinkt, das System sich also dauernd unterbricht, um nach Gefahren zu suchen. Die Dringlichkeit der Problemlösung steigt, die Aktiviertheit wird erhöht, der Auflösungsgrad sinkt, die Effektivität der Aktionen wird noch geringer, das System gerät in Panik. Obwohl es mitunter zu solchen Misserfolgen kam, ließ sich zeigen, dass mit Verhaltensmodulatoren ausgestattete Systeme ihren Bedürfnisdruck, gemessen an der Intensität von Hunger, Durst oder Schmerz, erfolgreicher niedrig halten konnten als solche, die keine entsprechenden Modulatoren besaßen (Hille 1997). Zur Simulation von Sozialverhalten soll PSI nun auch mit einem Affiliationsbedürfnis, einem Bedürfnis nach »Du bist o.k.«-Signalen von anderen Individuen, ausgestattet und seine Welt um weitere Individuen oder zumindest Quellen der benötigten Signale angereichert werden (Detje 2001).

Menschen haben wenig Probleme damit, in Verhaltenweisen, die nach den von Dörner und Hille aufgestellten Regeln modifiziert wurden, die jeweiligen Emotionen zu erkennen. Auch andere Projekte, Roboter mit emotionalem Ausdrucksvermögen auszustatten, waren erfolgreich. Der Gesichtsroboter MARK II etwa kann Emotionen sowohl erkennen als auch mit seiner speziellen Maske nachahmen. Er findet anhand der Helligkeitsverteilung im Gesicht die Augen des Gegenübers und erfasst dann die Helligkeitsverteilung auf dem Gesicht nach 13 vorgegebenen Linien. Erzielt das im Voraus geschulte Netzwerk dreimal dasselbe Ergebnis, wird dies als gegenwärtiger Emotionszustand des Gegenübers betrachtet. Das Ergebnis wird dann in den für die Gesichtssteuerung zuständigen Rechner übertragen, der die Gesichtshautsteuerpunkte so zieht, wie es zur Nachahmung des Gesichtsausdrucks nötig ist (Hara 2001, S. 124).

Man muss sich allerdings fragen, was solche Simulationen aussagen. Für Dörner sind Emotionen Verhaltensmodulatoren. Mit anderen Worten, Dörner meint oder meinte zumindest einmal, PSI habe Gefühle – eine Ansicht, die von anderen Wissenschaftlern nicht unbedingt geteilt wird. Emotionen, so der sich aufdrängende Einwand, muss man empfinden. Und PSI, einer Fiktion auf dem Computerbildschirm, traut man dies trotz seiner Performance nicht mehr zu als dem Programm, das einem bei der Steuererklärung hilft. Tatsächlich ist dieser Punkt nicht einfach zu entscheiden, und er betrifft insbesondere ein weiteres Problem der Kognitionswissenschaft: das Phänomen Bewusstsein.

Bewusstsein: Eine Besonderheit des Menschen?

Obwohl manchen Kognitionswissenschaftlern nur solche mentalen Prozesse als kognitiv gelten, die bewusst ausgeführt werden, galten Bewusstsein und Selbstbewusstsein selber lange als notorische blinde Flecken der Kognitionswissenschaft. Alles, was für Bewusstsein typisch ist, scheint es unmöglich zu machen, es in Begriffen der Informationsverarbeitung zu fassen. Bewusstes Erleben hat eine bestimmte Erlebnisqualität. Es fühlt sich auf bestimmte Weise an, in der eigenen Haut zu stecken, kalte Hände zu haben oder den Mund voll Sahnetorte. Man nennt diese Form von Bewusstsein phänomenales Bewusstsein, seine Erlebnisqualitäten Qualia. Hier tut sich eine Kluft auf, die Philosophen als Erklärungslücke *(explanatory gap)* bezeichnen. Es ist nicht abzusehen, welche informationstheoretische Beschreibung etwas dazu sagen könnte, warum sich dieser oder jener Vorgang auf eben diese Weise für uns anfühlt. Ein anderer Aspekt des Bewusstseins ist seine Transparenz: Man bekommt nicht mit, wie das Gehirn es zustande bringt, dass sich dieses oder jenes phänomenale Erlebnis einstellt, es ist einfach da. Zudem bewirkt das Selbstbewusstsein, dass der Mensch die Welt aus einer bestimmten, nämlich der eigenen Perspektive wahrnimmt. Dieser Körper ist meiner, von dort aus schaue ich in die Welt. Diese Gedanken sind meine und diese Gefühle sind es auch.

Bei der Erforschung des Bewusstseins spielt die Neurowissenschaft eine große Rolle. Die Erforschung der neuronalen Korrelate des Bewusstseins ist relativ fortgeschritten. So postulierten die Neurowissenschaftler Francis Crick und Christof Koch Anfang der 90er Jahre, nur Information in stark synchronisiert arbeitenden Zellverbänden werde bewusst. Dies bestätigte sich durch neue Arbeiten von Wolf Singer und Andreas Engel zum so genannten binokulären Wettstreit. Wird jedem Auge ein anderes Bild präsentiert, unterdrückt das Gehirn einen der beiden visuellen Reize, man nimmt also bewusst nur entweder das eine oder das andere Bild wahr. Gewöhnlich springt dabei die Aufmerksamkeit von einem Bild zum anderen, ohne dass sich an dem Reiz, der den Augen dargeboten wird, etwas ändert. Dies macht es möglich, den Effekt eines Reizes im Gehirn einmal mit und einmal ohne Wahrnehmungsbewusstsein zu vergleichen. Bei Katzen, mit denen entsprechende Versuche unternommen wurden, ließ sich nachweisen, dass die Neuronen im visuellen Kortex, die den unterdrückten beziehungsweise den dominierenden Reiz repräsentieren, sich in der Synchronisation ihrer Entladungen (ihres »Feuerns«) unterscheiden. Die Aktivität derjenigen Neuronen, die ihren Input von dem dominanten, also bewusst wahrgenommenen Bild bekamen, war stärker synchronisiert. Dies spricht für die These, dass nur stark synchronisierte Neuronenaktivität zu Bewusstsein führt. In die gleiche Richtung deutet, dass mit dem EEG aufgezeichnete Hirnströme bei Menschen Synchronizität zeigen, wenn auf einem Bild etwas zu erkennen ist, nicht jedoch, wenn auf dem Bild nur ein wirres Muster abgebildet ist (Engel/Singer 2001).

Diese Erfolge sind den Neurowissenschaftlern zuzuschreiben, nicht den Kognitionsforschern. Doch trotz oder vielleicht auch wegen der unüberwindlich erscheinenden Probleme, Bewusstsein als einen Datenverarbeitungsprozess zu beschreiben, ist das Bewusstsein in den letzten Jahren zu einem legitimen und aktuellen Thema in der Kognitionswissenschaft geworden. Bewusstsein wird dabei als eine spezifische Form von innerem Wissen betrachtet, das mentale Prozesse begleiten kann. Es entsteht, wenn repräsentationale Zustände des Gehirns ihrerseits Gegenstand einer Repräsentation werden, die als Metarepräsentation bezeichnet wird. Die Prozesse, die diese Metarepräsentation bewirken, werden selbst nicht noch einmal repräsentiert, gelangen also selbst nicht ins Bewusstsein, was der Erfahrung der Menschen entspricht.

Interessant ist für die Kognitionswissenschaft neben der Entstehung auch die Frage nach den Auswirkungen des Bewusstseins: Wirkt es auf die kognitiven Prozesse zurück oder handelt es sich um ein so genanntes Epiphänomen, eines, das zwar verursacht ist, aber nicht seinerseits etwas verursacht. Demnach verhielte sich das Bewusstsein zur Kognition wie der Schatten eines Autos zu diesem Auto. Wo das Auto ist, ist auch sein Schatten, doch der Schatten ist für die Funktionsfähigkeit des Autos völlig bedeutungslos.

Der *Global Workspace-Theory* (Kurzzeitgedächtnis-Theorie) des Bewusstseins zufolge, die von Bernard Baars vertreten wird, ist das Bewusstsein eine Art Scheinwerfer, der sich, von Aufmerksamkeitsmechanismen gesteuert, auf die Inhalte des Kurzzeitgedächtnisses richtet. Andere mentale Vorgänge, die dazu beitragen, die Gehalte des Kurzzeitgedächtnisses aufzubauen und zu schärfen, bleiben selbst im Dunkel des Unbewussten. Die Inhalte derjenigen Datenstrukturen, die im Licht des Bewusstseins liegen, werden an zahlreiche untergeordnete Instanzen verteilt. Das Bewusstsein erfüllt damit die Funktion der Tafel in einer Blackboard-Architektur: Sie sammelt Informationen, macht sie anderen Subsystemen zugänglich und koordiniert die Arbeit spezialisierter Subzentren. Das Bewusstsein dient somit als Informationssystem. Es ist, wie Baars sagt, die Pressestelle des Nervensystems. Die einzelnen Subsysteme konkurrieren um Eingang ihrer Ergebnisse ins Kurzzeitgedächtnis. Bewusstsein entsteht dieser Theorie zufolge aus der Kooperation und der Konkurrenz der unterschiedlichen Subsysteme (Baars 1988, 1997).

Der Philosoph Thomas Metzinger postuliert zur Erklärung des Selbstbewusstseins ein »phänomenales Selbstmodell«. Dies ist eine unter den vielen Datenstrukturen des Gehirns, allerdings eine besondere. Es ist die einzige repräsentationale Struktur, die ihren Input kontinuierlich vom Körper bekommt (Propriozeption), was ihre Stabilität ausmacht. Analog zum Weltmodell, mit dem der Organismus seine Umwelt repräsentiert, bildet er ein Selbstmodell, das auf einem teilweise angeborenen Schema des Körpers beruht. Wenn es zu bewusstem Erleben kommt, ist diese Struktur aktiv und zwar als Mittel- und Bezugspunkt des Weltmodells. Dadurch entsteht ein zentrierter Darstellungsraum, die Welt bekommt ein Zentrum.

Doch ein Selbstmodell ist noch kein Selbst. Dies entsteht, so Metzinger, weil das System das von ihm selbst generierte Selbstmodell nicht als Modell erkennt. Es hält sich für das Selbstmodell, das Modell wird zum Selbst. Ebenso wie es das auf ähnliche Weise generierte Weltmodell für die Welt hält. Metzinger bezeichnet dies als naiv-realistisches Selbstmissverständnis. Der naive Realismus hat sich für biologische Systeme stets als eine nützliche Hintergrundannahme erwiesen (Metzinger 1999; 1998, S. 360). Wir sind demnach Systeme, die sich selbst mit dem von ihnen selbst erzeugten Modell ihrer selbst verwechseln und so eine stabile Ich-Illusion erzeugen.

Die genannten Ansätze liefern noch keine umfassende Erklärung der Phänomene Bewusstsein und Selbstbewusstsein. Ihre Bedeutung für die Kognitionswissenschaft liegt darin, dass sie eine Idee davon vermitteln, wie diese schwer greifbaren Phänomene als Produkt von Datenverarbeitungsprozessen verstanden werden können: als noch einmal repräsentierte Datenstrukturen, als *blackboard* des Gehirns oder als episodisch aktives Modul im Gesamtverband der mentalen Datenverarbeitung.

Wie bei den Emotionen stellt sich beim Bewusstsein die Frage, wie man Simuliertes von Echtem unterscheiden kann. Es ist bekannt, dass Menschen sehr leicht in etwas verfallen, was Daniel Dennett den intentionalen Zugang genannt hat: Sie reagieren so, als ob das System, mit dem sie konfrontiert sind, Bewusstsein hätte, als ob es Wünsche und Überzeugungen, Interessen und Emotionen hätte. Um diesen Zugang zu aktivieren, müssen nur ein paar geometrische Figuren über einen Computerbildschirm huschen, schon sehen Menschen den Kreis vom Dreieck verfolgt, während das Quadrat zu helfen versucht. Aus der bloßen Tatsache, dass Menschen reagieren, als habe ein System Bewusstein, kann man nicht darauf schließen, dass dem tatsächlich so ist. In der Philosophie ist ein ähnliches Problem unter dem Namen Problem des Fremdseelischen bekannt: Wie kann man wissen, dass auch der andere Wünsche und Überzeugungen, Ziele und Emotionen, kurz ein ganzes mentales Innenleben hat, obwohl man doch nur sein Verhalten sehen und seinen Versicherungen glauben kann.

Dieses Problem wird – nicht ganz zu Unrecht – von Nichtphilosophen häufig als akademische Zeitverschwendung abgetan, denn bei Menschen gibt es durchaus ein gutes Argument dafür, dass auch der andere geistbegabt ist: Er ist ein Wesen wie ich, bestehend aus demselben Stoff, Produkt derselben Evolution. Das ist kein Argument für den Kohlenstoffchauvinismus, die These, dass nur biologische Wesen Bewusstsein haben können. Doch zusammen mit den Evidenzen aus dem Verhalten des anderen und der Tatsache, dass noch nie etwas über real existierende Zombies ruchbar wurde, kann man hinreichend sicher sein, mit seinem Innenleben nicht allein dazustehen. Bei künstlichen Systemen kann man sich nicht auf die gemeinsame evolutionäre Geschichte oder den gemeinsamen Körperbau berufen. Das macht das »Problem der Roboterseele« unlösbar, zumindest solange wir nicht wissen, welches die notwendigen und hinreichenden Bedingungen für die Entstehung von Bewusstsein sind. Schwierig zu beurteilen sind vor allem die Auswirkungen hybrider Herstellungsverfahren, in denen einige Teile, etwa Nervenzellen, aus natürlichen Wesen in künstliche Systeme integriert werden. Hier könnten sich die uns von der Evolution mitgegebenen Wahrnehmungs- und Erkenntnisfähigkeiten endgültig als zu begrenzt erweisen.

Glücklicherweise steht die Realisierung künstlicher Wesen mit bewussten Erfahrungen oder gar Selbstbewusstsein in weiter Ferne. Die bloß theoretische Möglichkeit eines solchen Unternehmens ruft jedoch moralische Bedenken auf den Plan, die im Fall von Schachautomaten und Servicerobotern noch unerheblich sind: Ist es moralisch zu verantworten, solche Wesen zu konstruieren, wenn es denn möglich wäre? Sollte es gelingen, Wesen mit menschenähnlichem Selbstbewusstsein zu erschaffen, müssten diese als Personen mit den ihnen in unserem Staat zukommenden Rechten behandelt werden. Ein solches Experiment kann man kaum einfach dadurch beenden, dass man den Stecker herauszieht.

Auf einen anderen Aspekt weisen die zahlreichen Roboter-Monster in Filmen und Büchern hin: Was, wenn einem das Produkt der eigenen Bemühungen missrät? Dabei gilt es nicht nur, an potenzielle Gefahren für die Mitbürger, sondern auch an das Leiden des künstlichen Wesens selbst zu denken. Wann immer Menschen etwas konstruieren, erfolgt dies in einem Prozess des Ausprobierens und Verbesserns. Wem, der dereinst als künstliches Wesen erwacht, wollte man eröffnen, er sei leider ein noch nicht serienreifer Prototyp, mit all dem Leiden, das damit einhergehen mag. Die Forschung würde mit schwachen Formen von Bewusstsein beginnen, die Fähigkeit zu leiden wird dabei sein. Wie wäre es, als ein künstliches Subjekt »zu sich zu kommen« und zu entdecken, dass man eine Ware ist, »ein wissenschaftliches Werkzeug, das nicht als ein Zweck in sich selbst erzeugt wurde und ganz bestimmt nicht als ein solcher behandelt werden wird« (Metzinger 2001, S. 109)?

Vom Computermodell des Geistes zum Handeln in der Welt: Die neue Agenda der Kognitionswissenschaft

Die Kognitionswissenschaft ist eine junge Disziplin und ihre kurze Geschichte ist von »Revolutionen« übersät. Keine der bislang vorgeschlagenen Modellvorstellungen, vom Computermodell über die konnektionistischen und dynamischen Systeme bis zur Subsumtionsarchitektur hat sich bislang als verbindlich durchgesetzt, und dies ist auch in der näheren Zukunft nicht zu erwarten. Kognition ist alles andere als ein einheitliches Phänomen, und so wäre es verwunderlich, wenn es nur einen einzigen methodischen Ansatz gäbe, sie zu erklären. Die Freiheit, die der Forscher im Rahmen der Kognitionswissenschaft bei der Wahl seines Weges hat, trägt nicht unerheblich zum Reiz dieses Unternehmens bei. Und sie prägt das Verhältnis der Kognitionswissenschaft zu anderen Disziplinen. Obwohl die Kognitionswissenschaft nicht die einzige Disziplin ist, die sich der Erforschung der Intelligenz widmet, ist sie wohl die umfassendste, diejenige Disziplin, die von Spezialisten für phänomenologische Philosophie über die Verhaltensforscher bis zu den Neurologen die meisten Disziplinen für ihre Zwecke mobilisieren kann.

Der Computer stand am Beginn der Kognitiven Wende in der Psychologie und damit am Beginn der Kognitionswissenschaft. War die Kognitionsforschung zunächst auf eben die Aspekte der menschlichen Intelligenz konzentriert, die sich im Computer recht einfach simulieren lassen, wurde bald die Forderung laut, sich auch den übrigen Aspekten zuzuwenden. Teils, weil sich herausgestellt hatte, dass mit dem klassischen Computermodell nicht weiterzukommen war, teils, weil es als unbefriedigend angesehen wurde, zentrale Aspekte des menschlichen Lebens – von der Steuerung des Körpers über das Handeln in konkreten Situationen bis hin zum Selbstbewusstsein und zum Leben in Sozialverbänden – außer Acht zu lassen. Die Kognitionswissenschaft ringt seither mit der Frage, wie weit ihr Paradigma, kognitive Prozesse als informationsverarbeitende Prozesse zu beschreiben, die in natürlichen wie in künstlichen Systemen realisiert werden können, ausgeweitet werden kann, und wo es an seine Grenzen stößt. Im Eifer des Gefechts werden dabei schnell übertrieben apodiktische Sätze formuliert. Zum einen hat aber die Erfahrung mit der kurzen Geschichte der Kognitionswissenschaft bislang gezeigt, dass die menschliche Kognition ein so komplexes Phänomen ist, dass unterschiedliche Ansätze durchaus nebeneinander bestehen können. Zum anderen ist nicht klar, wo die Ausdehnung des alten Paradigmas endet und die Einführung eines neuen beginnt. So haben Vera und Simon darauf hingewiesen, dass etwa der Gedanke der situierten Kognition schon in einigen der klassischen Arbeiten angelegt ist (Vera/Simon 1993). Die Debatte darüber, ob man bei konnektionistischen Systemen noch von Repräsentationen sprechen kann, wurde oben erwähnt. Das Paradigma der mentalen Datenverarbeitung hält sich auch angesichts solcher Herausforderungen wie Emotionen oder Bewusstsein hartnäckig, selbst wenn es angesichts der zahlreichen Modelle, die für die mentale Datenverarbeitung vorgeschlagen wurden, immer mehr erweitert wird. Es wäre nicht verwunderlich, wenn sich die Kognitionswissenschaft in Zukunft stärker, wie andere Disziplinen auch, über ihren Forschungsgegenstand definieren würde, die natürliche und die künstliche Intelligenz, als über methodische Annahmen zu ihrer Erklärung.

Genau genommen ist der Singular *Kognitionswissenschaft*, der sich in den letzten Jahren anstelle des Plurals *Kognitionswissenschaften* durchgesetzt hat, noch ein ungedeckter Wechsel auf die Zukunft. Und es ist nicht einmal klar, ob vielen Kognitionswissenschaftlern daran liegt, ihn einzulösen. Denn die für die Kognitionswissenschaft so typische Vielfalt in Fragestellungen und Methoden, die von der Begriffsanalyse der Philosophen über die Einzelzellableitung der Neurologen bis hin zum klassischen psychologischen Fragebogen reicht, sorgt zwar immer wieder für Verständigungsprobleme der Kognitionswissenschaftler untereinander und raubt jedem Anfänger von vornherein die Hoffnung, einmal das ganze Gebiet umfassen zu können. Doch sie macht auch die Dynamik und den Reiz des Unternehmens aus.

Literatur

Literatur zur Einführung

Braitenberg, Valentino, *Vehicles. Experiments in Synthetic Psychology.* MIT Press, Cambridge/Mass. 1984. Dt.: *Künstliche Wesen: Verhalten kybernetischer Vehikel*, Braunschweig 1986
Darstellung der so genannten Braitenberg-Vehikel, die zeigt, dass schon einfachste Steuerungsmechanismen Verhalten ermöglichen, das Beobachter als komplex und zielgerichtet wahrnehmen.

Brooks, Rodney A., *Cambrian Intelligence. The Early History of the New AI*, MIT Press, Cambridge/Mass. 1999
Aufsatzsammlung des Urvaters der verhaltensbasierten Robotik mit den Manifesten »Intelligence without Reason«, S. 133–186, und »Intelligence without Representation«, S. 79–102.

ders., *Menschmaschinen. Wie uns die Zukunftstechnologien neu erschaffen*, Frankfurt a.M. 2002
Verständliche Darstellung der neuesten Entwicklungen in der verhaltensbasierten Robotik.

Churchland, Paul M., *Die Seelenmaschine. Eine philosophische Reise ins Gehirn*, Heidelberg 1997 (Orig.: *The Engine of Reason, the Seat of the Soul*, Massachusetts 1995)
Enthusiastische und unterhaltsame Darstellung des Konnektionismus aus philosophischer Perspektive.

Dörner, Dietrich, *Bauplan für eine Seele*, Reinbek bei Hamburg 1999
Ausführliche Darstellung des Projekts PSI.

Dreyfus, Hubert L., *What Computers Can't Do. A Critique of Artificial Reason*, New York 1972. 2. ergänzte Auflage: *What Compu-*

ters Still Can't Do. A Critique of Artificial Reason. Cambridge/Mass. 1979. Dt. Übers. der ersten Auflage: *Die Grenzen künstlicher Intelligenz. Was Computer nicht können,* Königstein/Ts. 1985
Einflussreiche, auf die Philosophie Martin Heideggers gegründete Kritik am klassischen Computermodell. Führte zu einer Art Heidegger-Renaissance in der Kognitionswissenschaft und war mit daran beteiligt, den *bottom-up*-Ansatz auf den Weg zu bringen.

Fodor, Jerry A., *The Language of Thought,* Hassocks 1976
Fodors ausführlichste Darstellung seiner Theorie von der Existenz einer Sprache des Geistes.

Gardner, Howard, *Dem Denken auf der Spur. Der Weg der Kognitionswissenschaft,* übers. v. Ebba D. Drolshagen, Stuttgart 1989 (Orig.: The Mind's New Science. A History of the Cognitive Revolution, New York 1985)
Ausführliche und gut lesbare Darstellung der Entstehungsgeschichte der Kognitionswissenschaft und ihrer ersten zehn Jahre.

Görz, G., Rollinger, C.-R., Schennberger, J. (Hg.), *Handbuch der Künstlichen Intelligenz,* München, 3. überarb. Aufl. 2000
Umfassende und detaillierte Einführung in die Themen, Theorien und Methoden der Künstliche-Intelligenz-Forschung.

Gold, Peter, Engel, Andreas (Hg.), *Der Mensch in der Perspektive der Kognitionswissenschaften,* Frankfurt a. M. 1998
Aufsatzsammlung, die sich mit dem Nutzen und den Grenzen der Kognitionswissenschaft befasst. Beiträge zur Kognitivismuskritik und zu phänomenologisch inspirierten Ansätzen.

Johnson-Laird, Philip, *Der Computer im Kopf. Formen und Verfahren der Erkenntnis,* übers. v. Friedrich Giese, München 1996
Ausführliche und unterhaltsame Darstellung der Kognitionswissenschaft bis Anfang der 90er Jahre mit Schwerpunkt auf den unterschiedlichen kognitiven Vermögen.

Lenat, Douglas B., Guha, R.V., *Building Large Knowledge-Based Systems. Representation and Inference in the Cyc Project,* Reading/Mass. 1990
Ausführliche Darstellung des Projekts CYC.

Neisser, Ulric, *Cognitive Psychology,* New York 1967. Dt.: *Kognitive Psychologie,* Stuttgart 1975
Das erste Lehrbuch der Kognitionspsychologie. Atmet die Begeisterung der ersten Stunde.

Osherson, Daniel N. (Hg.), *An Invitation to Cognitive Science.* Bd. 1:

Language, Bd 2: *Visual Cognition*, Bd. 3: *Thinking*, Bd. 4: *Methods, Models, and Conceptual Issues*, MIT Press, Cambridge/Mass. 2. Aufl. 1995–1999
Aufsatzsammlung mit Arbeiten renommierter Kognitionswissenschaftler zu fast allen wichtigen Themengebieten. Ideal zur Vertiefung speziellerer Interessen.

Pfeifer, Rolf, Scheier, Christian, *Understanding Intelligence*, Cambridge/Mass. 1999
Ausführliche und gut lesbare Darstellung des verhaltensbasierten Ansatzes in der Kognitionswissenschaft.

Port, Robert, van Gelder, Timothy (Hg.), *Mind as Motion. Explorations in the Dynamics of Cognition*, Cambridge/Mass. 1995
Aufsatzsammlung zur Theorie der dynamischen Systeme in der Kognitionswissenschaft. Mit einer programmatischen Einleitung der Herausgeber »It's About Time. An Overview of the Dynamical Approach to Cognition«.

Rumelhart, David E., McClelland, James L. and the PDP Research Group (Hg.), *Parallel Distributed Processing. Explorations in the Microstructure of Cognition.* Bd. 1: *Foundations*, Bd. 2: *Psychological and Biological Models*, MIT Press, Cambridge/Mass. 1986
Klassische Aufsatzsammlung zum Konnektionismus.

Strube, Gerhard (Hg.), *Wörterbuch der Kognitionswissenschaft*, Stuttgart 1996
Umfassendes (und einziges deutschsprachiges) Nachschlagewerk mit ausführlichen Artikeln zu den wichtigsten Themen und Teilgebieten der Disziplin. Sehr hilfreich zur Orientierung.

Thagard, Paul, *Kognitionswissenschaft. Ein Lehrbuch*, übers. v. Daniela Egli u. Marco Montani, Stuttgart 1999
Gut lesbare Einführung mit Schwerpunkt auf der Diskussion um das Format mentaler Repräsentationen.

Turing, Alan M., »Computing Machinery and Intelligence«, *Mind* 59. Jg. Dt.: »Kann eine Maschine denken?« *Kursbuch* 8. Bd. 1967, S. 106–138, und in: Walter Ch. Zimmerli u. Stefan Wolf (Hg.), *Künstliche Intelligenz. Philosophische Probleme*, Stuttgart 1994, S. 39–78
Gut verständlicher Text, in dem der Turingtest beschrieben wird.

Wilson, R.A., Keil, F.C. (Hg.), *The MIT Encyclopedia of the Cognitive Sciences*, Cambridge/Mass. 1999
Umfänglichstes und aktuellstes Nachschlagewerk zur Kognitionswissenschaft.

Zimmerli, Walter Ch., Wolf, Stefan (Hg.), *Künstliche Intelligenz. Philosophische Probleme*, Stuttgart 1994
Aufsatzsammlung mit Übersetzungen einiger klassischer Texte, darunter: Alan Turing, »Kann eine Maschine denken?«, Herbert Simon, Allen Newell, »Informationsverarbeitung in Computer und Mensch«, John McCarthy, »Können einer Maschine geistige Eigenschaften zugeschrieben werden?« und John Searle, »Geist, Gehirn und Wissenschaft«.

Weiterführende Literatur

Anderson, James, »Learning Arithmetic with a Neuralnetwork: Seven Times Seven is About Fifty«, in: Osherson, Daniel N. (Hg.), *An Invitation to Cognitive Science*, Bd. 4: *Methods, Models, and Conceptual Issues*, MIT Press, Cambridge/Mass. 2. Aufl. 1998, S. 255–300

Anderson, John R., *The Architecture of Cognition*, Cambridge/Mass. 1983

ders., *Rules of the Mind*, New Jersey 1993

Arkin, Ronald C., *Behavior Based Robotics*, MIT Press, Cambridge/Mass. 1998

Baars, Bernard, *A Cognitive Theory of Consciousness*, Cambridge/Mass. 1988

ders., *In the Theatre of Consciousness: The Workspace of the Mind*, Oxford 1997

Beckermann, Ansgar, *Analytische Einführung in die Philosophie des Geistes*. Berlin 1999

ders., »Sprachverstehende Maschinen. Überlegungen zu John Searle's Thesen zur Künstlichen Intelligenz«, in: *Erkenntnis* 28. Bd. 1988, S. 65–85

Block, Ned, »Troubles with Functionalism«, in: C.W. Sage (Hg.), *Perception and Cognition. Minnesota Studies in the Philosophy of Science*, Bd. 6, Minneapolis 1978, S. 261–325. Dt.: »Schwierigkeiten mit dem Funktionalismus«, in: Dieter Münch (Hg.), *Kognitionswissenschaft*, Frankfurt a. M., 2. Aufl. 2000, S. 159–224

ders., *Imagery*, Cambridge/Mass. 1981

Boden, Margaret, *Computer Models of the Mind*, Cambridge/Mass. 1988

Brooks, Rodney A., »Intelligence without Representation«, in: *Artificial Intelligence* 47. Bd. 1991, S. 139–159, wieder abgedruckt in: ders., *Cambrian Intelligence. The Early History of the New AI*, MIT Press, Cambridge/Mass. 1999, S. 79–102

Brüntrup, Godehard, *Das Leib-Seele-Problem: Eine Einführung*, Stuttgart 1996

Burkhard, Hans-Dieter, »Software-Agenten«, in: Görz, G., Rollinger, C.-R., Schennberger, J. (Hg.), *Handbuch der Künstlichen Intelligenz*, München, 3. überarb. Aufl. 2000, S. 941–1016

Chomsky, Noam, *Language and Mind*, New York 1968. Dt.: *Sprache und Geist*, 1970

Clark, Andy, *Microcognition. Philosophy, Cognitive Science, and Parallel Distributed Processing*, Cambridge/Mass. 1989

ders., *Being There*, Cambridge/Mass. 1989

ders., *Mindware. An Introduction to the Philosophy of Cognitive Science*, New York 2001

Colby, Kenneth M., *Artificial Paranoia*, New York 1975

Cruse, Holk, »The Evolution of Cognition – A Hypothesis«, erscheint demnächst in: *Cognition* (eingereicht)

ders., Dean, Jeffrey, Ritter, Helge, *Die Entdeckung der Intelligenz. Oder Können Ameisen denken?* München 1998

Damasio, Antonio, *Descartes Irrtum. Fühlen, Denken und das menschliche Gehirn*, München 1996

Dean, Jeffrey, »Animats and what they can tell us«, in: *Trends in Cognitive Sciences* 2. Bd. 1998, S. 60–67

ders., Ritter, Helge, Cruse, Holk, *Prerational Intelligence: Interdisciplinary Perspectives on the Behavior of Natural and Artificial Systems*, 3 Bde., Dordrecht 2000

Dennett, Daniel, »Cognitive Wheels. The Frame Problem of AI«, in: Margaret Boden (Hg.), *The Philosophy of Artificial Intelligence*, Oxford 1990, S. 147–170

Descartes, René, *Meditationen über die Grundlagen der Philosophie. Mit den sämtlichen Einwänden und Erwiderungen*, übers. u. hg. v. Artur Buchenau, Hamburg 1994, Orig. 1641

Detje, Frank, »Die Einführung eines Affiliationsbedürfnisses bei PSI«, *Sozionik aktuell* 1. Jg., 2001

Engel, Andreas, Singer, Wolf, »Neuronale Grundlagen des Bewusstseins«, in: *Computer.Gehirn. Was kann der Mensch? Was können die Computer? Begleitpublikation zur Sonderausstellung im Heinz Nixdorf Museumsforum,* Paderborn 2001, S. 62–86

Flasch, Kurt, *Das Philosophische Denken im Mittelalter. Von Augustin zu Machiavelli,* Stuttgart 1986

Fodor, Jerry A., »Methodological Solipsism Considered as a Research Strategy in Cognitive Psychology«, in: *Behavioral and Brain Sciences* 3. Jg. 1980, S. 63–109

ders., *Psychosemantics,* Cambridge/Mass. 1987

Gelder, Timothy van, »What might Cognition be, if not Computation?«, in: *Journal of Philosophy* 92. Jg. 1995, S. 345–381

ders., »The Roles of Philosophy in Cognitive Science«, in: *Philosophical Psychology* 11. Jg. 1998, S. 117–136

Goldman, Alvin I., *Philosophical Applications of Cognitive Science,* Boulder 1993

Hara, Fumio, »Gesichtsrobotik und Emotional Computing«, in: *Computer.Gehirn. Was kann der Mensch? Was können die Computer? Begleitpublikation zur Sonderausstellung im Heinz Nixdorf Museumsforum,* Paderborn 2001, S. 114–127

Harnad, Stevan, »The Symbol Grounding Problem«, in: *Physica* 42. Jg. Reihe D, 1990, S. 335–346.

Haugeland, John, Artificial Intelligence. The Very Idea, Cambridge/Mass. 1985. Dt.: *Künstliche Intelligenz – Programmierte Vernunft?* Hamburg 1987

Hebb, Donald O., *Organization of Behavior,* New York 1949

Holland, Owen u. McFarland, David, *Artificial Ethology,* Oxford 2001

Hille, Kathrin, *Die künstliche Seele. Analyse einer Theorie,* Wiesbaden 1997

Jaeger, Herbert, »Dynamische Systeme in der Kognitionswissenschaft«, *Kognitionswissenschaft* 5. Jg. 1996, S. 151–174

James, William, *The Principles of Psychology,* 2 Bde., London 1950 (orig. 1890)

Johnson, Mark, *The Body in the Mind. The Bodily Basis of Meaning, Imagination, and Reason,* Chicago 1987

Johnson-Laird, Philip, *Mental Models. Towards a Cognitive Science of Language, Inference, and Consciousness,* Cambridge/Mass. 1983

Keil, Geert, »Was Roboter nicht können. Die Roboterantwort als knapp misslungene Verteidigung der starken KI-These«, in: Peter Gold, Andreas Engel (Hg.), *Der Mensch in der Perspektive der Kognitionswissenschaften*, Frankfurt a. M. 1998, S. 98–131

Kim, Jaegwon, *Philosophie des Geistes*, Wien 1998

Krämer, Sybille, »Denken als Rechenprozedur: Zur Genese eines kognitionswissenschaftlichen Paradigmas«, in: *Kognitionswissenschaft* 2. Jg. 1992, S. 1–10

Kube, C. Ronald, Bonabeau, Eric, »Cooperative Transport by Ants and Robots«, in: *Robotics and Autonomous Systems* 30. Bd. 2000, S. 85–101

Langton, Christopher G., »Artificial Life«, in: Margaret Boden (Hg.), *The Philosophy of Artificial Life*, Oxford 1996, S. 39–94

ders., *Artificial Life. An Overview*, Cambridge/Mass. 1995

Maes, Pattie, »Behavior-Based Artificial Intelligence«, in: J.-A. Meyer, H.L. Roitblat und S.W. Wilson (Hg.), *From Animals to Animats 2*, Cambridge/Mass. 1993, S. 2–10

Marr, David, *Vision*, New York 1982

Mataric, Maja, »Designing emergent behaviors: From Local Interaction to Collective Intelligence«, in: J.-A. Meyer, H.L. Roitblat und S.W. Wilson (Hg.), *From Animals to Animats 2*, Cambridge/Mass. 1993, S. 432–441

Maturana, Humberto, Varela, Francisco, *Autopoiesis and Cognition: The Realisation of the Living*, London 1980

McCorduck, Pamela, *Machines Who Think. A Personal Inquiry into the History and Prospects of Artificial Intelligence*, San Francisco 1979

McCulloch, Warren S., *Embodiments of Mind*, MIT Press, Cambridge/Mass. 1965

ders., Pitts, Walter, »A Logical Calculus Immanent in Nervous Activity«, in: *Bulletin of Mathematical Biophysics* 5. Jg. 1943, S. 115–133, wieder abgedruckt in: Margaret Boden (Hg.), *The Philosophy of Artificial Intelligence*, Oxford 1990, S. 22–39

Metzinger, Thomas (Hg.), *Bewusstsein. Beiträge aus der Gegenwartsphilosophie*, Paderborn 1995

ders., »Anthropologie und Kognitionswissenschaft«, in: Peter Gold, Andreas Engel (Hg.), *Der Mensch in der Perspektive der Kognitionswissenschaften*. Frankfurt a. M. 1998

ders., *Subjekt und Selbstmodell. Die Perspektivität phänomenalen Bewusstseins vor dem Hintergrund einer naturalistischen Theorie der Repräsentation*, Paderborn, 2. Aufl. 1999

Miller, George A., »The Magical Number Seven, Plus or Minus Two: Limits on Our Capacity for Processing Information«, *Psychological Review* 63. Jg. 1956, S. 81–97

ders., Galanter, Eugene, Pribram, Karl H, *Plans and the Structure of Behavior*, New York 1960. Dt.: *Strategien des Handelns. Pläne und Strukturen des Verhaltens*, Stuttgart 1973

Minsky, Marvin, *The Society of Mind*, New York 1985. Dt.: *Mentopolis*, übers. von Malte Heim, Stuttgart 1990

ders., »A Framework for Representing Knowledge«, in: P.H. Winston (Hg.), *The Psychology of Computer Vision*, New York 1975

ders., Papert, Seymour, *Perceptrons*. Cambridge/Mass. 1968

Neisser, Ulric, *Cognition and Reality*, San Francisco 1976. Dt.: *Kognition und Wirklichkeit. Prinzipien und Implikationen einer kognitiven Psychologie*, Stuttgart 1979

ders., *Cognitive Psychology*, New York. Dt.: *Kognitive Psychologie*, Stuttgart 1974

ders., »Toward an Ecologically Oriented Cognitve Science«, in: Theodore Shlechter, Michael Toglia (Hg.), *New Directions in Cognitive Science*, New Jersey 1985, S. 17–32

Neumann, John von, *The Computer and the Brain*, New Haven 1958. Dt.: *Die Rechenmaschine und das Gehirn*, München 1970

ders., »Allgemeine und logische Theorie der Automaten«, *Kursbuch* 1967, S. 139–173

Newell, Allen, »Physical Symbol Systems«, in: *Cognitive Science* 4. Jg. 1980, S. 135–183

ders., »The Knowledge Level«, in: *Artificial Intelligence* 18. Bd. 1982, S. 87–127

ders., »Reflections on the Knowledge Level«, in: *Artifical Intelligence* 59. Bd. 1993, S. 31–38

ders., Simon, Herbert, *Human Problem Solving*, New Jersey 1972

Nisbett, R. E., Ross, L. R., *Human Inference: Strategies and Shortcomings of Social Judgement*, New Jersey 1980

Pasemann, F., »Repräsentation ohne Repräsentation: Überlegungen zu einer Neurodynamik modularer kognitiver Systeme«, in: G. Rusch, S. J. Schmidt, O. Breidbach (Hg.), *Interne Repräsentationen*, Frankfurt a. M. 1996, S. 42–91

Pearl, Judea, *Heuristics: Intelligent Search Strategies for Computer Problem Solving*, Reading 1984

Popper, Karl, *Objective Knowledge. An Evolutionary Approach*,

Oxford 1972. Dt.: *Objektive Erkenntnis. Ein evolutionärer Entwurf*, 1973

Putnam, Hilary, »Psychological Predicates«, in: Capitan/Merrill (Hg.), *Art, Mind and Religion*, Pittsburgh 1967. Dt.: »Die Natur mentaler Zustände«, in: Peter Bieri (Hg.), *Analytische Philosophie des Geistes*, Königstein/Ts. 1981, S. 123–135

Pylyshyn, Zenon W., »Computation and Cognition: Issues in the Foundations of Cognitive Science«, *Behavioral and Brain Sciences* 3. Jg. 1980, S. 111–169

ders. (Hg.), *The Robot's Dilemma. The Frame Problem in Artificial Intelligence*. New Jersey, 2. Aufl. 1988

Rojas, Raúl, *Theorie der neuronalen Netze. Eine systematische Einführung*, Berlin 1993

Rosenblatt, Frank, »The Perceptron. A Probabilistic Model for Information Storage and Organization in the Brain«, *Psychological Review* 65. Jg. 1958, S. 386–408

Rosenblueth, Arturo, Wiener, Norbert, Bigelow, Julian, »Behavior, Purpose and Teleology«, *Philosophy of Science* 10. Jg. 1943, S. 18–24

Saporiti, Katia, *Die Sprache des Geistes*, Berlin 1997

Schunn, Christian D., Crowley, Kevin, Okada, Takeshi, »The Growth of Multidisciplinarity in the Cognitive Science Society«, in: *Cognitive Science* 22. Jg. 1998, S. 107–130

Searle, John, »Minds, Brains, and Programs«, in: Margaret Boden (Hg.), *The Philosophy of Artificial Intelligence*, Oxford 1990, S. 67–88

ders., *Geist, Hirn und Wissenschaft. Die Reith Lectures*, Frankfurt a. M. 1986

ders., *The Rediscovery of the Mind*, Cambridge/Mass. 1992. Dt.: *Die Wiederentdeckung des Geistes*, Frankfurt a. M. 1996

Shank, R. C., Abelson, R., *Scripts, Plans, Goals, and Understanding*, Hillsdale 1977

Simon, Herbert A., *The Science of the Artificial*, Cambridge/Mass. 1969. Dt.: *Die Wissenschaft vom Künstlichen*, Hamburg o.J.

Tack, W., »Kognitionswissenschaft: eine Interdisziplin«, *Kognitionswissenschaft* 6. Jg. 1997, S. 2–8

Strube, Gerhard, »Kognition«, in: ders. (Hg.), *Wörterbuch der Kognitionswissenschaft*, Stuttgart 1996, S. 303–317

ders., »Cognitive Science« in: Walter Kintsch (Hg.), *International*

Encyclopedia of the Social and Behavioral Sciences, Bd. 3.13, Dordrecht 2001

ders., Schlieder, C., »Wissen und Wissensrepräsentation«, in: Strube, G. (Hg), *Wörterbuch der Kognitionswissenschaft*, Stuttgart 1996, S. 799–815

Strube, Gerhard, Habel, C., Konieczny, L., Hemforth, B., »Kognition«, in: G. Görz, C.-R. Rollinger, J. Schennberger, (Hg.), *Handbuch der Künstlichen Intelligenz,* München, 3. überarb. Aufl. 2000, S. 19–72

Toda, Masanao, »Emotion and Decision Making«, *Acta Psychologica* 43. Jg. 1980, S. 133–155

Turing, Alan M., »On Computable Numbers, with an Application to the Entscheidungsproblem«, *Proceedings of the London Mathematical Society,* Serie 2, 42. Jg. 1936, S. 230–265. Dt.: »Über berechenbare Zahlen mit einer Anwendung auf das Entscheidungsproblem«, in: Bernhard Dotzler, Friedrich Kittler (Hg.), *Alan Turing. Intelligence Service. Schriften,* Berlin 1987, S. 17–60

Vera, A. H., Simon, H. A., »Situated Action: A Symbolic Interpretation«, in: *Cognitive Science* 17. Jg. 1993, S. 7–48

Webb, Barbara, »What Does Robotics Offer Animal Behaviour?«, *Animal Behaviour* 60. Jg. 2000, S. 545–558

Weizenbaum, Joseph, »ELIZA – A Computer Program for the Study of Natural Language Communication between Man and Machine«, *Communications of the Association for Computing Machinery* 9. Jg. 1966, S. 36–45

ders., *Computer Power and Human Reason. From Judgement to Calculation,* San Francisco 1976. Dt.: *Die Macht der Computer und die Ohnmacht der Vernunft,* Frankfurt/Main 1977

Wiener, Norbert, *Cybernetics or Control and Communication in the Animal and the Machine*, Cambridge/Mass. 1961, erste Veröffentlichung 1948. Dt.: *Kybernetik. Regelung und Nachrichtenübertragung in Lebewesen und Maschine*, Reinbek bei Hamburg 1963

Winograd, Terry, *Understanding Natural Language*, New York 1972

Fachzeitschriften, Kongresse, Internetadressen

Monographien sind in einer sich so rasant verändernden Disziplin wie der Kognitionswissenschaft ein recht behäbiges Mittel zum Informationstransport. Eher auf dem Laufenden ist man mit einem Blick in eine der einschlägigen Fachzeitschriften wie etwa *Cognitive Science, Cognition, Kognitionswissenschaft, Cognitive Science Quarterly, Behavioral and Brain Sciences, Cognitive Psychology* oder *Robotics and Autonomous Systems*.

Folgende Internetadressen geben Auskunft über kognitionswissenschaftliche Studiengänge, Kollegs und Fachtagungen:

www.iig.uni-freiburg.de/cognition
Homepage des Instituts für Informatik und Gesellschaft, Abteilung Kognitionswissenschaft der Universität Freiburg

ps-www.dfki.uni-sb.de/gk/kog/kognition.html
Graduiertenkolleg »Kognitionswissenschaft. Empirie, Modellbildung, Implementation« der Universität Freiburg

www.psychologie.uni-freibug.de/gkmmi/gkwelcome.html
Graduiertenkolleg »Maschinelle und menschliche Intelligenz« der Universität Freiburg

www.cogsci.uni-osnabrueck.de
Homepage des International Cognitive Science Program, des einzigen Diplomstudiengangs Kognitionswissenschaft in Deutschland, Universität Osnabrück. Diese Site liefert zahlreiche einschlägige Metalinks und ein Verzeichnis deutscher, europäischer und amerikanischer Ausbildungsmöglichkeiten in Kognitionswissenschaft.

www.cogsci.uni-osnabrueck.de/forschung/kw-bericht.html
Bericht der Berufspraxiskommission zur beruflichen Situation von Kognitionswissenschaftlern

www.uni-bamberg.de/ppp/insttheophys/psi.html
Homepage des Instituts für theoretische Psychologie der Universität Bamberg, Projekt PSI

http://ki.cs.tu-berlin.de/KogWisTUB/
Arbeitskreis Kognitionswissenschaft der TU Berlin

www.gk-ev.de
Homepage der Deutschen Gesellschaft für Kognitionswissenschaft mit Informationen zur alle zwei Jahre stattfindenden Tagung der Gesellschaft

www.cognitivesciencesociety.org
Homepage der Cognitive Science Society mit Informationen über die jährlich stattfindende Tagung der Gesellschaft

Kurzbiographien

Rodney Brooks
Direktor des Instituts für Künstliche Intelligenz am Massachusetts Institute of Technology. Mitbegründer der *American Association for Artificial Intelligence*, Technischer Direktor von iRobot Corp. Autor zahlreicher grundlegender Aufsätze zur Theorie und Technik autonomer Roboter und Leiter des Cog-Projekts zur Entwicklung humanoider Roboter.

Noam Chomsky
Geboren 1928. Amerikanischer Sprachwissenschaftler und Begründer der generativen Transformationsgrammatik. Chomsky promovierte 1955 an der University of Pennsylvania und lehrte später am MIT. Er gilt mit seiner Kritik an Skinners Theorie des Sprachverhaltens als einer der Begründer der Kognitiven Revolution in Psychologie und Sprachwissenschaft. Chomsky postulierte anstelle der behavioristischen Sprachtheorie eine angeborene Tiefenstruktur der Sprache.

Hubert Dreyfus
Geboren 1929. Promovierte 1964 an der Harvard University in Philosophie. Lehrte 1960–69 am MIT und ist seither Professor an der University of California, Berkeley. Hauptarbeitsgebiete: Phänomenologie, Existenzialismus und Philosophie der Psychologie. Dreyfus wurde in der Kognitionswissenschaft für seine kritischen Beiträge zu den Grenzen des Computermodells bekannt, in denen er Überlegungen Wittgensteins, Heideggers und Merleau-Pontys auf Probleme der KI anwandte.

Jerry Fodor
Geboren 1935. Promovierte 1960 in Princeton in Philosophie. Seit 1988 Professor für Philosophie an der Rutgers University in New Jersey. Fodor verfasste zahlreiche Beiträge zur Philosophie der Kognitionswissenschaft, insbesondere wurde er für die Theorie von der Sprache des Geistes bekannt, für seine modularistische Theorie des Geistes und für seine Kritik an konnektionistischen Kognitionstheorien, die seiner Ansicht nach der Rationalität der Gedankenwelt nicht gerecht werden.

John McCarthy
Geboren 1927 in Boston. Studierte am California Institute of Technology und an der Princeton University Mathematik. Er lehrte in Princeton, am MIT und in Stanford. McCarthy ist seit 1962 Professor für Computerwissenschaft in Stanford und leitete von 1965 bis 1980 das dortige Artificial Intelligence Laboratory. McCarthy gilt als einer der Begründer der KI-Forschung, er entwickelte die Computersprache LISP und verfasste zahlreiche Beiträge zu erkenntnistheoretischen und sozialen Fragen der Computertechnologie.

Warren McCulloch
1898–1968. Neurologe, Mathematiker und Arzt. Befasste sich ab 1941 als Assistant Professor am Yale Laboratory of Neurophysiology mit Hirnforschung. Entwickelte zusammen mit Walter Pitts das erste künstliche neuronale Netz.

Marvin Minsky
Professor für Computerwissenschaft und Elektrotechnik am MIT. Verfasste zahlreiche Beiträge zur KI, Kognitionspsychologie und Graphentheorie, aber auch zur Wissensrepräsentation, Semantik, dem maschinellen Wahrnehmen und dem Maschinenlernen. Minsky ist einer der Pioniere der Robotik und der Mensch-Maschine-Schnittstellen. Begründete 1959 mit John McCarthy das MIT Artificial Intelligence Laboratory, dessen Co-Direktor er war. Minsky wurde vor allem mit seinem Buch »The Society of Mind« (1985) bekannt, in dem Erkenntnisse aus Entwicklungspsychologie und KI zusammengestellt werden zu der These, dass Intelligenz aus der Interaktion vieler Agenten entsteht. Arbeitet über die Rolle vom Motivation und Emotionen bei der Verhaltenssteuerung intelligenter Systeme.

John von Neumann
1903 (Budapest) – 1957 (Washington). Amerikanischer Mathematiker österreichisch-ungarischer Herkunft. Studierte in Berlin und Zürich. Nach seiner Emigration in die USA 1933 war er am *Institute for Advanced Study* in Princeton tätig. Begründete mit O. Morgenstern die Spieltheorie und leistete maßgebliche Beiträge zur Automatentheorie. Während des Zweiten Weltkriegs war von Neumann am Los Alamos-Atombombenprojekt beteiligt; er versuchte, Schockwellen mathematisch zu beschreiben, eine Arbeit die grundlegend für seine Beiträge zur Computerentwicklung war. 1946 entwickelte er ein Konzept für einen Universalrechner, der nach ihm von-Neumann-Rechner genannt wird.

Allen Newell
1927–1992. Studierter Psychologe und Computerwissenschaftler und einer der Gründerväter der Künstliche Intelligenz-Forschung und der Kognitionswissenschaft. Newell entwickelte zusammen mit Herbert Simon das Programm *Logical Theorist*, das erste Programm, das Beweise durchführen konnte, und den *General Problem Solver*, der unterschiedliche Aufgaben bearbeiten konnte.

Walter Pitts
Geboren 1924. Ohne High School- und College-Abschlüsse lieferte Pitts schon als Siebzehnjähriger mathematische Beiträge zur Theorie der neuronalen Netze. Er arbeitete zuerst an der University of Chicago und ging 1947 zu Norbert Wiener ans MIT. Er wurde in der Kognitionswissenschaft vor allem durch seine Arbeiten zum formalen Neuron, die er zusammen mit Warren McCulloch durchführte, bekannt. 1950 zog er sich zurück und starb in den 60er Jahren, sein genaues Todesdatum ist nicht bekannt.

Hilary Putnam
Geboren 1926 in Chicago. Studierte Mathematik und Philosophie in Pennsylvania und Los Angeles und lehrte in Princeton, am MIT und an der Harvard University Wissenschaftstheorie und Mathematik. Begründer der philosophischen Schule des Funktionalismus, den er am Beispiel der Turingmaschine ausführte.

John Searle
1932 in Denver, Colorado, geboren. Studierte in Oxford Philosophie, Politik und Wirtschaftswissenschaft. Seit 1959 Professor für Philosophie an der University of California in Berkeley. Seine Arbeitsgebiete

sind Sprachphilosophie und Philosophie des Geistes. Searle wurde in der Kognitionswissenschaft insbesondere durch seine Kritik an der Computertheorie des Geistes durch sein berühmtes Gedankenexperiment vom chinesischen Zimmer bekannt.

Herbert Simon
1916–2001. Promovierte an der Chicago University in Politikwissenschaft über Entscheidungsfindung in Organisationen, was ihn zur Psychologie, speziell zur Psychologie des Problemlösens brachte. Zusammen mit Allen Newell entwickelte er Computersprachen mit dem Ziel, menschliche Denkprozesse nachzubilden. Um 1954 entwickelte er zusammen mit J. C. Shaw die erste Sprache zur Listenverarbeitung. Für seine Arbeiten zur Entscheidungsfindung in der Ökonomie erhielt er 1978 den Nobelpreis.

Alan M. Turing
1912 in London geboren. Lehrte ab 1935 Mathematik in Cambridge, war vom 1939 bis 1948 für das *Communications Department* des *Foreign Office* tätig und lehrte schließlich an der University of Manchester. Er entwickelte die für die Kognitionswissenschaft entscheidende Idee, dass eine einfache Maschine, die Turingmaschine, jede mögliche Berechnung ausführen kann. Turing war im Zweiten Weltkrieg maßgeblich an der Entschlüsselung des Geheimcodes der deutschen Marine ENIGMA beteiligt. Einem größeren Kreis wurde er vor allem dem nach ihm benannten Turingtest bekannt. Turing nahm sich 1954 das Leben.

Joseph Weizenbaum
Geboren 1923, emeritierter Professor für Computerwissenschaft am MIT. Er wurde vor allem für sein Programm zum Verstehen natürlicher Sprache, ELIZA, bekannt. Weizenbaum befasste sich kritisch mit den Grenzen der Computerwissenschaft und mit der Verantwortung des Wissenschaftlers.

Norbert Wiener
1894–1964. Wiener promovierte mit 19 Jahren in Mathematik und gilt zusammen mit Claude Shanon als Begründer der Informationstheorie. Er war maßgeblich an der Entwicklung der frühen Rechenautomaten beteiligt und begründete die Kybernetik, die Wissenschaft der Kontrolle und Kommunikation bei Menschen und Maschinen. Wiener interessierte sich auch für soziale und technikphilosophische Fragen.

Glossar

Algorithmus Anweisung, wie bei der Lösung eines Problems zu verfahren ist, die, wenn man sie korrekt anwendet, mit Sicherheit zum gewünschten Ergebnis führt.

Architektur (Rechner-) Bezeichnung für den grundlegenden Aufbau eines Computers. Die Architektur eines Rechners gibt seine Komponenten und seine innere Struktur an.

Attraktor Bezeichnet im Rahmen der mathematischen Systemtheorie eine Region, die die Trajektorien in einem Phasenraum anzieht, sie also dazu bringt, sich dem Attraktor zu nähern. Attraktoren bestimmen maßgeblich das Verhalten der dynamischen Systeme.

Behaviorismus Auf die Arbeiten von J. B. Watson zurückgehende Schule, die in der ersten Hälfte des 20. Jahrhunderts die Psychologie beherrschte. Die Behavioristen strebte eine streng naturwissenschaftlich ausgerichtete Psychologie an, die sich nur auf die Beobachtung von Verhalten stützen sollte. Sie wurde von der Kognitionspsychologie abgelöst.

Computersimulation In der Kognitionswissenschaft wichtige Methode, bei der natürliche Vorgänge formalisiert und im Computer mit dem Ziel nachgebildet werden, Aufschlüsse über das Funktionieren des natürlichen Systems zu erlangen.

Dualismus Philosophische Position, der zufolge der Geist einen autonomen und gänzlich anderen Bereich der Wirklichkeit bildet als die materielle Welt. Die Position geht auf den französischen Philosophen René Descartes zurück und wird aktuell vor allem mit der Drei-Welten-Lehre von Karl Popper in Verbindung gebracht.

Heuristik Strategien, auch Faustregeln genannt, die das Finden von Lösungen beschleunigen. Dabei kann es sich etwa um Analogien, die Orientierung an Beispielen oder spezielles Wissen handeln.

Hypothese der physikalischen Symbolsysteme (PSSH) Von Allen Newell und Herbert Simon aufgestellte These, die besagt, dass ein materiell realisiertes Symbolsystem die notwendigen und hinreichenden Voraussetzungen für Intelligenz aufweist.

Intentionalität Eigenschaft mentaler Zustände wie Gedanken, Überzeugungen, Befürchtungen und dergleichen, sich auf etwas zu beziehen, einen Inhalt zu haben. Unterscheidet mentale von physischen Zuständen und stellt ein vieldiskutiertes Problem für die Realisierung mentaler Zustände in materiellen Systemen dar.

Introspektion Selbstwahrnehmung. Bezeichnet die Fähigkeit, die Aufmerksamkeit auf die eigenen mentalen Zustände zu richten. Die Introspektion ist als wissenschaftliche Methode einerseits umstritten, andererseits scheint sie den einzig möglichen Zugang zu den Inhalten des Bewusstseins darzustellen.

Körperintelligenz und prärationale Intelligenz Die Fähigkeit eines Organismus zur Steuerung seiner Gliedmaßen wird bisweilen als Körperintelligenz bezeichnet. Prärationale Intelligenz umfasst dazu noch Verhaltenssteuerung (vor allem bei Tieren), die nicht auf der Beherrschung einer Sprache beruht.

Leib-Seele-Problem Klassisches philosophisches Problem, das aus der Unvereinbarkeit dreier im Prinzip plausibler Thesen entsteht: Mentale Ereignisse und Zustände bilden eine autonome abgeschlossene Welt. Mentale Ereignisse verursachen physische Ereignisse. Die physische Welt ist kausal geschlossen.

Mentale Repräsentationen Datenstruktur im Computer oder im Gehirn, die für ein Ereignis oder einen Gegenstand in der Welt oder im Organismus steht.

Multirealisierbarkeit mentaler Zustände Die These, dass mentale Zustände nicht über ihr Substrat zu definieren sind. Mentale Zustände können demnach auf unterschiedliche Weise in unterschiedlichen Substanzen realisiert werden. Für die Kognitionswissenschaft bedeutet dies, dass mentale Zustände nicht nur in biologischen Organismen denkbar sind, sondern auch in künstlichen.

Sprache des Geistes Das »Betriebssystem« des Geistes: Die (umstrittene) Theorie, dass es ein inneres System von Symbolen gibt, das ähnlich einer Sprache strukturiert ist und das Medium der mentalen Datenverarbeitung abgibt. Die Theorie von der Sprache des Geistes wurde vor allem in der Ausarbeitung von Jerry Fodor bekannt.

von-Neumann-Architektur Nach dem Mathematiker John von Neumann benannte verbreitete universelle Rechnerarchitektur. Bestehend aus einer zentralen Recheneinheit, einem Arbeitsspeicher, einem Leitwerk, das die Steuersignale gemäß den Programmvorschriften generiert, und einer Aus- und Eingabestelle.